张佩云◎著

分布式环境下
Web服务动态组合研究

FENBUSHI HUANJING XIA *Web* FUWU DONGTAI ZUHE YANJIU

安徽师范大学出版社

· 芜湖 ·

图书在版编目(CIP)数据

分布式环境下Web服务动态组合研究/张佩云著.— 芜湖:安徽师范大学出版社,2018.3

ISBN 978-7-5676-3380-3

Ⅰ.①分… Ⅱ.①张… Ⅲ.①Web服务器—研究 Ⅳ.①TP393.092.1

中国版本图书馆CIP数据核字(2018)第034776号

分布式环境下Web服务动态组合研究　　　　　　张佩云◎著

责任编辑:孔令清

装帧设计:任　彤

出版发行:安徽师范大学出版社

　　　　　芜湖市九华南路189号安徽师范大学花津校区

网　　址:http://www.ahnupress.com/

发 行 部:0553-3883578　5910327　5910310(传真)

印　　刷:虎彩印艺股份有限公司

版　　次:2018年3月第1版

印　　次:2018年3月第1次印刷

规　　格:880 mm×1230 mm　1/32

印　　张:5.125

字　　数:120千字

书　　号:ISBN 978-7-5676-3380-3

定　　价:24.60元

目　录

第一章　绪　论

§1.1　问题的提出

1.1.1　研究背景

随着 IT 技术的发展和社会需求的变化，需要在异构的新型分布式环境下集成独立开发的应用程序，因此产生了一种新的体系结构要求，使得可以通过一组通用的标准协议用于接口定义、方法调用并解决异构面向 Web 的分布式计算等，由此出现了面向服务体系架构 SOA（Services-Oriented Architecture）。正如 Mark Colan 所言，SOA 是一种新兴的企业结构形式，可以用于设计下一代企业应用程序，其本质是用于提供一个整合和监控各种松散耦合服务的平台，并体现了良好的通用软件体系结构原则[1]。Web 服务作为软件服务的一种实现方式，突破了传统的分布式计算模型在通信、应用范围等方面的限制，允许企业和个人快速、廉价地建立和部署全球性应用，其已成为互联网上的一种重要的资源，并极大地推动了 SOA 的发展与应用。随着 Web 服务技术的发展，面向服务的计算和服务组合的协同正逐渐成为开放异构环境中复杂分布应用的主流计算模型。

至今，Web 服务还没有统一的定义，从专业角度而言，比较典型的定义如下：

1）IBM公司（International Business Machines Corpordtion）的定义：Web服务是自包含的、模块化的应用程序，为商业组织或个人提供一系列的功能，可以通过Web使用标准语言格式访问。

2）Sun公司定义的Web服务具有如下5个特征：

● 通过Web可被访问；

● 一个XML（Extensible Markup Language，可扩展标注语言）的对外接口；

● 通过注册可以被定位；

● 在Web协议的标准上，使用XML消息通信；

● 在系统之间支持松散的耦合。

3）W3C（World Wide Web）的定义：一个Web服务是通过URI（Uniform Resource Identifier，统一资源标识符）标志的软件系统，其公共接口用XML文档定义，该定义供其他软件系统使用，这些系统可使用基于XML的消息机制通过Internet的传输协议与此Web服务进行交互。

综上所述，Web服务是一种按标准语言描述并通过网络发布、可供发现和调用的软件系统，具有松散耦合、可重用和互操作的特点，具体总结如下[2]：

1）可描述。可以通过一种服务描述语言来描述。

2）可发布。可以在注册中心注册其描述信息并发布。

3）可查找。通过向注册服务器发送查询请求可以找到满足查询条件的服务，获取服务的绑定信息。

4）可绑定。通过服务的描述信息可以生成可调用的服务实例或服务代理。

5）可调用。使用服务描述信息中的绑定细节可以实现服务的远程调用。

6)可组合。可以与其他服务组合在一起形成新的服务。

随着Web服务技术的日益成熟,许多机构竞相将他们的核心业务能力作为一个Web服务集合放在Internet上,以实现更多的自动化和全球范围访问。典型的Web服务应用包括在线旅游预订、客户关系管理、供应链等。尽管越来越多的企业将其商业流程以Web服务的形式发布以及越来越多稳定易用的Web服务共享在网络上,但单一的Web服务所提供的功能毕竟有限,很难满足用户的需求,人们希望通过网络得到更多更复杂的服务,而不仅仅是独立的单一服务。Web服务组合就是利用Internet上分布的现有Web服务,根据用户(最终用户或增值服务开发商)总的应用需求(包括功能和非功能属性的要求),在服务组合支撑平台的支持下,选择一系列符合一定规则的单个Web服务,组成满足总需求的服务流程,并以一个接口的形式提供给用户或其他服务使用,通过流程中各个服务的协同来最终完成用户的服务请求。其中,Web服务组合的功能要求是指组合服务在服务组合流程上满足服务间的功能匹配要求,非功能属性要求是指组合服务在服务组合流程上满足服务间的非功能约束(如服务质量)要求。Web服务组合也被认为是通过Internet将分布在不同环境、平台的已存在的Web服务,按照一定的规则组装成为一个增值、更大粒度的服务或一个系统以满足用户的复杂需求,并提高软件生产率的一个过程[3]。Web服务本身具有的基于标准协议及松散耦合的特点也,为Web服务组合提供了技术支持[4]。

Web服务组合更充分地利用共享的Web服务,可生成满足用户要求的组合服务,提供更为强大的服务功能并加快系统开发的速度。从开发者的视角看,服务组合提供了重用服务的可能性;从用户的视角看,服务组合提供了无缝访问各种复杂服务的功能。Web服务组合是解决B2B(Business-to-Business,企业对企业之间的营销关系)应用问题的重要技术,在工业界和学术界受到了广泛的关注,基于语义的Web服务组合作为实现灵活、快速信息集成的重要方法,正成为新的研究热点。

1.1.2　Web服务体系结构

Web服务体系结构由三种角色和三种基本操作构成[5],如图1.1.1所示。

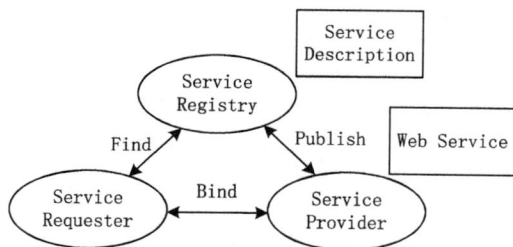

图1.1.1　Web服务体系结构

其中,三种角色包括:

1)服务请求者(Service Requester)。它是一个应用程序、一个软件模块或一种服务。它发起对注册中心服务的查询(Find),通过传输绑定(Bind)服务,并执行服务功能。

2)服务提供者(Service Provider)。它是一个可通过网络寻址的实体,将服务描述发布(Publish)到服务注册中心,以便服务请求者发现和访问该服务,并接收和执行来自服务请求者的请求。

3)服务注册中心(Service Registry)。它是可搜索的服务描述注册中心,服务提供者在此发布他们的服务描述(Service Pescription),并允许感兴趣的服务请求者查找服务接口。

在图1.1.1中,三种基本操作分别是:

1）服务发布。为了使服务可访问,需要服务提供者发布服务描述以使服务请求者发现和调用服务。

2）服务发现。服务请求者定位服务,查询服务注册中心以找到满足其需求的服务。对于服务请求者,可能会在两个不同的生命周期阶段中牵涉查找操作:在建立时为了程序开发而检索服务的接口描述,在运行时为了调用而检索服务的绑定和位置描述。

3）服务绑定和调用。服务请求者使用服务描述中的绑定细节来定位、联系和调用服务,从而在运行时调用或启动与服务的交互。

Web 服务体系使用一系列标准和协议来实现相关的功能。近年来,Web 服务技术得到了长远的发展,形成了以服务描述、服务质量(Quality of Service,简称 QoS)和服务流程为主体的 Web 服务协议栈[6],如图 1.1.2 所示。

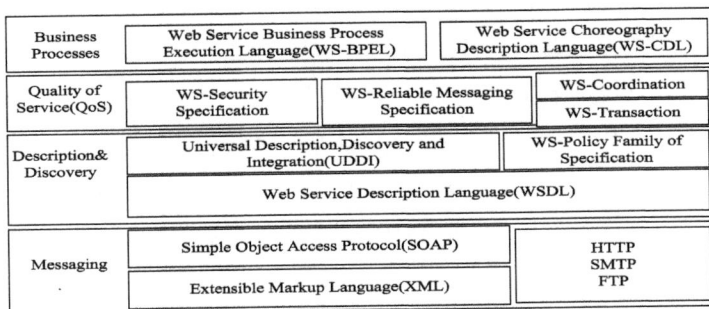

Business Processes	Web Service Business Process Execution Language(WS-BPEL)		Web Service Choreography Description Language(WS-CDL)
Quality of Service(QoS)	WS-Security Specification	WS-Reliable Messaging Specification	WS-Coordination
			WS-Transaction
Description& Discovery	Universal Description,Discovery and Integration(UDDI)		WS-Policy Family of Specification
	Web Service Description Language(WSDL)		
Messaging	Simple Object Access Protocol(SOAP)		HTTP SMTP FTP
	Extensible Markup Language(XML)		

图 1.1.2　Web 服务协议栈

该协议栈根据其发展历程可以分成两个阶段:

第一阶段为 Web 服务基础协议部分:该部分主要关注单个 Web 服务的开发、调用等,使用 WSDL(Web Services Description Language,网络服务描述语言)来描述服务,采用 UDDI(Universal

Description，Discovery and Integration，通用描述、发现与集成服务）来发布、查找服务，使用 SOAP（Simple Object Access Protocol，简单对象访问服务）来调用服务。

第二阶段主要侧重于服务之间的交互与协作，关注服务组合业务流程的安全、事务等。该阶段形成了 WS-BPEL（Web Service Business Process Execution Language，网络服务业务流程执行语言）[7]，WSCI（Web Service Choreography Interface，网络服务编排接口）[8]及 WS-CDL（Web Service Choregraphy Description Language，网络服务编排描述语言）[9]等高层协议。

当前正处于 Web 服务发展的第二阶段，而服务组合、服务交互和事务等问题成为当前 Web 服务技术发展的关键问题。

面向服务的体系结构并不是一个新概念，仍是一个基于组件模型的架构。Microsoft 的 DCOM（Distributed Component Object Model，分布式组件对象模型）与 OMG（Object Management Group，对象管理组织）的 CORBA（Common Object Request Broker Architecture，公共对象请求代理体系结构）技术都可以用于实施面向服务的架构，但紧密耦合使得计算连接的两端都必须遵循同样 API（Application Program Interface，应用程序接口）的约束，要求客户端必须使用特定的协议访问服务器端的对象。这些面向服务的架构受到厂商的约束，如 Microsoft 的 DCOM 只能应用于微软的系统平台，而 CORBA 则把实现对象请求代理（Object Request Broker，简称为 ORB）协议的任务留给了供应商，由于无法保证进行交互的双方都采用相同的中间件平台，所以难以满足各个公司协作或扩展业务的需要。Web 服务改进了 DCOM 和 CORBA 的缺点，它是基于标准以及松散耦合的、被广泛接受的标准（如 XML，

SOAP, WSDL 和 UDDI），提供了在各不同厂商解决方案之间的交互性，而松散耦合将分布计算中的参与者隔离开来，交互两边某一方的改动并不影响到另一方。

§1.2 国内外研究现状与分析

基于语义的 Web 服务组合是一个新兴的研究领域，依照组合方案生成方式可将其分为两大类：静态组合和动态组合。静态组合是在业务流程建模时绑定任务，即传统的工作流任务绑定形式，意味着请求者应在组合计划实施之前创建一个抽象的过程模型，而动态组合在建模时并不与具体的 Web 服务实现绑定，而是静态绑定任务的功能描述，在执行时动态绑定任务的实现性描述。

服务组合涉及的内容可以从其生命周期的角度分为两个阶段：服务组合建立阶段和运行阶段，如图 1.2.1 所示。

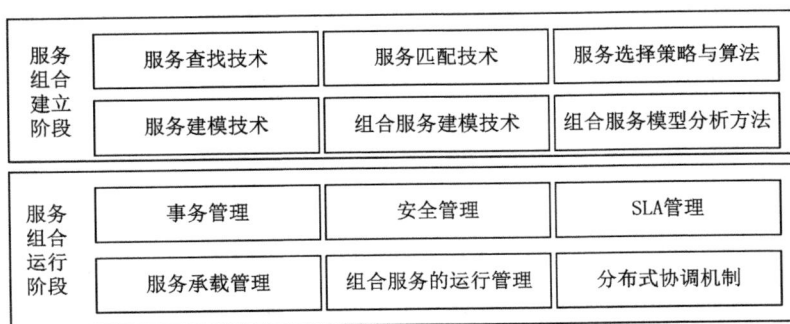

服务组合建立阶段	服务查找技术	服务匹配技术	服务选择策略与算法
	服务建模技术	组合服务建模技术	组合服务模型分析方法

服务组合运行阶段	事务管理	安全管理	SLA管理
	服务承载管理	组合服务的运行管理	分布式协调机制

图 1.2.1 服务组合的实施过程

图 1.2.1 中，服务组合建立阶段主要解决从用户需求到抽象的组合方案的映射问题（即用户需求空间到方案空间的变换问

题)及如何由抽象的组合方案映射到具体服务的问题,以得到可以运行的服务组合实例;服务组合运行阶段主要是实现用户期望的结果,该阶段涉及的问题主要是运行过程中如何运行和监控组合实例。本研究工作重点主要体现在服务组合建立阶段,包括服务匹配、服务选择、抽象服务节点自动合成及抽象的服务组合方案正确性验证等。

针对图 1.2.1 中的服务组合建立阶段而言,按自动化程度对其进行划分,可将目前出现的各种组合方法归纳为两大类:基于工作流的服务组合方法[3,10-17]和基于人工智能(Artificial Intelligence,简称为 AI)的服务组合方法[18-21]。前者以流程为中心进行服务的选取,存在较多的人工参与,比较容易实现,多应用于电子商务领域的应用集成以及流程管理;后者围绕问题域进行自动服务组合,人工干预少,实现较难,多应用于规划问题求解[3]。目前,基于这两类服务组合方法的 Web 服务组合典型应用主要有:美国马里兰大学 Jim Hendler 等研发的 Mindswap 项目,美国佐治亚大学 Kunal Verma 等研发的 METEOR-S,惠普实验室 Fabio Casati 等研发的 eFlow,斯坦福大学 R.Shankar 研发的 SWORD 等。文献[22]结合目前存在的一些组合平台和框架,对 Web 服务组合方法及典型应用进行了分析。

1.2.1　基于工作流的服务组合

基于工作流的服务组合方法是基于流程而提出来的,要求事先知道流程的具体结构以及流程中每个活动要求实现的功能与要达到的目的,因而这种方法多被用于 B2B 应用以及企业间的应用集成和开发上。在明确的过程模型驱动中,商业活动的协作需要长期的交互,因此,通过商业过程模型,借助适合 Web 服务的商业过程建模语言来捕获一个组合服务的逻辑,将是一个很自然的选择。这种商业过程建模语言主要有 BPEL4WS (Business Process Execution Language for Web Services,网络服务业务流程执行语言)、XLANG(结构化构造方法)、WSFL(Web Services Flow Language,叙述网络服务流程的语言)、BPML(Business Process Madeling Language,业务流程建模语言)和 WSCI。BPEL4WS 作为 Web 服务商业流程执行语言,提供了组合工作流的框架,是结合 IBM 的 WSFL 和 Microsoft 的 XLANG 而形成的、专为整合 Web 服务而制定的一项规范标准。文献[23]给出了这几种组合语言在工作流应用上的区别,并指出 BPEL4WS 比其他的过程建模语言更具有表达能力。

基于工作流的服务组合方法在很多研究文献、原型系统和成型产品中得到应用[10,16,24-26]。目前,基于工作流的服务组合典型项目有:METEOR-S[16]与 SELF-SERV[10]。其中,METEOR-S 侧重于使用语义技术提高服务组合的程度与灵活性,使用语义流程模板描述组合服务,生成多种语言描述的可执行流程,其底层执行机制依赖于早期开发的 METEOR,包括服务发现和服务组合两大模块。该项目首先采用 BPEL4WS 作为工业标准设计抽象的 Web 服务组合过程,包括使用 BPEL4WS 提供的控制流结构来创建过程流,在过程中通过服务模板来表示每个服务需求,指定过程约束以达成优化等;其次,针对给定的过程和服务模板,服务发现引擎将返回和该服务模板匹配的一个服务集合,根据约束关系选择最优的待组合服务;最后,在运行时,将抽象的过程和服务模板转换成一个可执行的 Web 过程,即自动将 Web 服务绑定到一个抽象的过程,当一个最优集被选中并被执行时,表明实现了 Web 服务组合过程。该项目的一个关键特性是,在语义Web 过程的整个生命周期中使用了语义[即使用 OWL-S(Ontlogy Web Language for Service,网络服务的本体语言)对 Web 服务语义描述,包括数据语义、功能语义等],以表示语义 Web 服务中复杂的交互。但是,该项目缺乏对服务组合的有效控制及存在动态性不够的问题。同样,SELF-SERV 也存在动态性不够的问题。

根据服务组合的动态性、灵活性等特点将基于工作流的服务组合分为三类,包括预先定义的服务组合、基于模板的服务组合和按需构建的服务组合[3]:

1)预先定义的服务组合。也称为静态服务组合,容易实现,但动态性差和对异常的应变能力弱。

2)基于模板的服务组合。该方法在动态性和灵活性两方面得到提高,允许服务组合设计者为某些活动设定服务模板(抽象服务),而无须指定具体服务[10,11]。在模板中对希望的目标服务进行描述,包括目标服务的功能、输入、输出、服务质量等。采用这种方法定制服务组合流程,形成流程定义之后,在执行之前需要一个中间过程将抽象的服务组合定义转变成静态的服务组合流程。这种方法将服务的选取、匹配、绑定交给中间过程自动处理,因此减少了服务组合设计者的工作量,具有较好的动态性和灵活性。目前普遍的做法是将语义、本体论等知识融入服务和服务模板的描述中[13,16,27],利用逻辑推理等进行服务之间的匹配和服务查询的自动处理。该方法在服务执行前可以针对整个的抽象服务组合流程实现满足全局约束的最优服务选择。

3)按需构建的服务组合。前面两种基于工作流的服务组合方

法要求组合中的服务绑定在执行之前就完成,如果服务组合流程
中有的活动执行的时间较长,由于网络环境是高度动态变化的,因
此,后续活动事先绑定的服务有可能在这段时间中变得不可用,或
者出现了更佳的服务,从而无法满足服务的实效性。按需构建的
服务组合方法[15]设计时为每一个活动指定一个服务模板,形成服
务组合的抽象流程定义,具有很好的动态性和灵活性。在运行阶
段,执行引擎根据与当前活动绑定的服务模板进行服务查询匹配,
找到当前可用的最佳目标服务进行调用。因此,服务组合中的各
成员服务根据用户需求随着服务组合流程的执行逐步绑定,整个
服务组合的定义是按需逐步动态演化的。利用该方法不仅能保证
每个被选取的服务是当前最佳且最可用的服务,降低了执行异常
的出现,而且将抽象流程定义的转换工作分散到各活动的执行阶
段,从而降低了引擎在服务查找和绑定时的开销。这种"边构造,
边执行"的服务组合方式,可以避免非执行路径上的服务绑定工作,
因此加速了整个服务组合的执行效率。相对于基于模板的服务组
合而言,该方法只能进行局部最优的服务选择,而不能实现满足全
局约束的最优服务选择。

　　综上所述,这三类基于工作流的服务组合方法在服务绑定、
动态性、灵活性、实现的难易程度上各不相同,分析比较如表
1.2.1所示。

表1.2.1　三类基于工作流的服务组合方法比较

方法类别	服务绑定	动态性	灵活性	实现难度
预先定义的服务组合	建模时	差	差	易
基于模板的服务组合	执行前	一般	一般	较难
按需构建的服务组合	执行中	很好	好	难

　　一些比较典型的基于工作流的服务组合文献分析如下。在

文献[28]中，Wang 等人提出了基于动态工作流的建立阶段和运行阶段的服务组合，解决了运行时过程变化问题，并且设计了工作流本体，以在建立阶段实现模块重用，但该方法的应用范围有限，没有实现跨企业 Web 服务动态组合。D. J. Mandell 和 S. A. McIlraith 利用 BPEL4WS，采用自底向上的方法实现 Web 服务的互操作[29]，通过 BPEL4WS 利用 WSDL 使得服务的动态绑定成为可能，但没有提供具体方式来选取动态绑定时需要调用的服务，并且不支持在应用运行时的流程模型的调整。刘必欣等人针对开放环境对大规模服务组合的可伸缩性及自治性的需求，提出基于角色的分布式动态服务组合方法[30]，该方法通过将全局定义的流程模型划分为各个角色的本地流程模型，从而使得组合服务的控制逻辑能够依据执行活动的角色分布到多个节点，并在服务节点之间直接交换数据。Lerina Aversano 等人[31]提出了利用已有 Web 服务，按照预先定义的目标和限制等条件进行服务组合，它注重某一服务域内的 Web 服务之间的协作并组成一个功能更强的服务，但是它对不同服务域之间的服务缺少协调，效率较低。Chintan Patel 等人[32]提出了已有业务流程中的任务在执行过程中动态绑定具体服务来满足用户需求的方法，它降低了因服务的动态变化而导致系统执行失败的可能性，并能高效地利用已有服务，但是这种方法难以满足即时的用户需求，降低了系统的灵活性。文献[4]提出了一种具有柔性及自适应性的工作流模型，建立了通过任务间依赖规范实施合成的方法，实现了 Web 服务的自动组合，同时，服务组合的正确性验证算法及动态补偿机制使得提出的模型易于实用。Budak Arpinar[21]提出了通过使用本体描述和服务间的关系实现 Web 过程的自动（半自动）

化的服务组合,认为发现和集成个体服务到一个更加复杂的、新的有用的服务过程是一个重要挑战。该文献基于接口自动匹配技术,计算个体服务间的语义相似度以获得候选服务集并从候选服务集中选择一个最优服务,但是该方法未考虑没有匹配到相关服务时的情况。文献[33]提出了基于层次化分析方法的业务流程层次化模型,自上而下分解业务需求,生成不同功能粒度的业务活动。业务活动包括业务需求描述和业务执行描述,同时还包含动态刻画业务逻辑的子流程。服务组装人员可以选择不同功能粒度的业务活动组成业务流程。层次化模型可以有效控制服务组装的粒度,并且可以通过检索业务活动实现子流程级别的复用。文献[34]提出了面向工作流的动态 Web 服务组合模型,通过利用动态工作流模型,把 Web 服务的组合过程与工作流的过程模型结合起来,建立面向动态工作流的复合服务,在复合服务的执行过程中,通过引入服务评价函数,根据工作流过程模型中所定义的各项任务之间的业务逻辑与业务规则,实现工作流任务的动态绑定与执行。

1.2.2 基于 AI 的服务组合

基于 AI 的服务组合是将 Web 服务看成 AI 中的动作,通过输入输出参数、前提和结果等来描述 Web 服务,在服务组合时将 Web 服务的这些描述映射为动作的形式化描述,在 Web 服务空间中以构造 Web 服务组合为目标,通过形式化的推理来得出 Web 服务的组合序列,动态形成服务组合方案。AI 方法形式化地表示了本体环境下 Web 服务的能力,并使用面向目标的技术对服务组合进行推理规划[23]。McDermott 于 2002 年、Srivastava 于

2002 年[35]、Sirin 和 Parsia 等人于 2003 年[36]都研究了将 AI 方法应用到 Web 服务组合以达到既定目标的可能性及边界问题。

基于 AI 的服务组合有多种不同的形式化方法,主要有 HTN、情境演算、基于规则的组合方法等。

(1)HTN(Hierarchical Tack Network,分层策略网络)

HTN 是采用分层分解的方法将复杂问题分层分解,将高层行动分解为一个低层行为的偏序集的规划方法[37]。基于 HTN 的组合系统在执行服务组合时将用户的需求任务分解为子任务的集合,子任务再分解成更小的子任务,直到所有的子任务仅包含原子 Web 服务。在每一轮任务的分解过程中,都会检验是否违反给定的约束条件(如子任务数不能超过一定数目),如果在不违反任何给定的约束条件下,用户的需求目标任务能被成功分解成原子任务集,则规划问题成功求解。

最初应用 HTN 技术于 Web 服务组合领域的思想是马里兰大学 J. Hendler 及 E. Sirin 等人在 2003 年提出的[36],开发的典型系统为 SHOP2(Simple Hierarchical Ordered Planner2),随后 U. Kuter 和 E. Sirin 等人促进了 SHOP2 系统的发展[38, 39]。D. Wu 等人将 DAML-S 转变为 HTN,使用 HTN 规划器 SHOP2 来产生规划,做出了许多简单化处理的假设[39]。该方法的核心思想是:将基于 DAML-S(DARPA Agent Markup Language-Service)描述的服务组合过程变换到一个层次任务网络,将用 DAML-S 描述的 Web 服务映射到 SHOP 规划域,同时关注信息的不完备性、规划执行与规划过程的交互及在规划过程中如何处理本体的表达性和扩展到推理过程[40],并基于描述逻辑推理器,以发现 Web 服务组合和基于用户约束过滤结果,实现了动态自动服务组合。文献[41]给出了 SHOP2 系统中 Web 服务组合的一个规划算法。Ugur Kuter 等人将 SHOP2 系统改进为 ENQUIRER 系统，提出了当初始状态不完备时的 ENQUIRER 算法，扩展了 SHOP2，使得在实现规划时收集需要的信息[38]，但是，该方法并没有解决 SHOP2 存在的另外一个问题：不支持 OWL-S 复合结构中的 Split（一个命令读取的指定文件）和 Split_join 控制结构，即 SHOP2 不支持并发控制[40]。文献[42]提出了一个基于 HTN 规划的声明性方法来促进动态和可扩展的组合，该方法可有效地处理动态服务组合的性能，但同时具有与文献[39]相同的局限性。

HTN 规划方法在预先定义活动的描述后，使得服务描述和 HTN 任务网络之间的变换很自然。HTN 规划的优点是能够处理非常大的问题领域，支持模块化，易于扩展，尤其适合于服务的自动组合[41]。该方法的主要不足之处是需要提供明确的任务描述规划器，而在动态的环境中可能难以获得任务描述。

(2)情境演算(Situation Calculus)

情境演算属于一阶逻辑语言规划方法，是关于状态、动作和动作作用于状态结果的形式化谓词演算。在情境演算中，世界上的所有变化都是动作执行的结果。Narayanan 和 McIlraith 于 2002 年提出了一个形式化的方法，将 OWL-S 转换到情境演算，将 Web 服务组合问题转换为一个满足目标属性要求的程序执行问题[43]。该方法采用 OWL-S 对 Web 服务进行语义描述，包括各个操作的语义信息、参数的语义信息和服务的语义信息，在实现动态服务组合规划时，每一个原子流程的前提条件表示为情境演算中活动的一个前提条件，服务的语义描述模型转换成情境演算下的公理。当有 n 个前提条件时，公理表示为：

$$\text{Poss}(a,s) \to \pi_1 \wedge \pi_2 \wedge \pi_3 \wedge \cdots \wedge \pi_n,$$

其中, $\pi_i (i \in [1,n])$ 为状态 s 下的前提条件, a 表示活动。此外, 活动在执行前需要知道输入参数的具体值, 公理表示为:

$$\text{Poss}_k (a,s) \to \text{Kref}(\varphi_1,s) \wedge \text{Kref}(\varphi_2,s) \wedge \text{Kref}(\varphi_3,s) \wedge \cdots \wedge \text{Kref}(\varphi_m,s),$$

$\varphi_j (j \in [1,n])$ 为输入信息。根据完备性假设, 当原子流程的所有前提完全描述了活动完成所需要的前提条件, 则可以表示为情境演算中活动的前提公理:

$$\text{Poss}_k(a,s) \to \pi_1 \wedge \pi_2 \wedge \pi_3 \wedge \cdots \wedge \pi_n \wedge$$

$$\text{Kref}(\varphi_1,s) \wedge \text{Kref}(\varphi_2,s) \wedge \text{Kref}(\varphi_3,s) \wedge \cdots \wedge \text{Kref}(\varphi_m,s),$$

通过对该表达式真值的判断来确定该服务是否可以被调用, 只有为真时活动才能被调用[44]。此处当一阶逻辑表达式为真时, 活动 a 才被执行。

(3)基于规则的组合方法

Medjahed 和 Athman Bouguettaya 等人于 2003 年提出了一种从高层次声明描述产生组合服务的技术, 使用组合规则来决定两个服务是否可以组合[45]。文献[46]提出一种最小执行代价的基于规则的服务组合方法: 采用规则对 Web 服务进行建模, 使用参数本体来消除语义冲突, 定义并使用一个演绎网络和一个后向演绎方法以发现所有的组合服务并选择一个最优组合。基于规则的组合主要有四个阶段: 用组合服务说明语言描述目标服务; 利用组合规则匹配服务组合; 如果在匹配阶段, 产生多于一个的组合方案, 则服务请求者在组合质量参数的基础上选择一个组合方案; 方案产生阶段, 一个详细描述组合服务的方案产生并提交给服务请求者。组合规则定义了如何产生组合方案, 组合规则考虑了 Web 服务的句法和语法特性, 句法规则包括操作模式规则和交互绑定协议规则。语法规则包括下列子集：①消息组合定义了两个 Web 服务可组合当且仅当一个 Web 服务的输出和另一个 Web 服务的输入是兼容的；②操作语义组合定义了两个 Web 服务领域的、类别的和目标的兼容度；③质量组合定义了请求者对组合服务操作质量的偏好；④组合合理性定义了服务组合是否合理。

基于 AI 的 Web 服务组合特点是：组合的性质受限于偶然组合，组合时的对象不能在初始时得到，而是在运行时产生。这样导致的问题是：组合时有可能有很多分枝，但是用户只是对特定的分枝感兴趣，如何快速搜索到特定的分枝是目前面临的问题之一。基于 AI 的 Web 服务组合问题不同于传统的 AI 规划问题，表现在如下几个方面[40]：关于世界的信息是不完备的并且是不断变化的；领域知识（Web 服务描述）是由不同机构开发的并遍布在 Web 上；规划的产生涉及多个其他 Agent（即服务提供者）之间的信息交互和通信，即存在 Web 服务的分布性、动态性和信息的不完备性。因此，基于 AI 的 Web 服务组合还存在不少问题，正如 J. Hendle 所言，AI 规划和 Web 服务组合本身是两个不同的问题，要建立两者之间的映射，还有很多问题需要解决，纯粹依赖计算机自动进行 Web 服务的组合至少在目前还尚未成熟。

另外，Web 服务组合还存在一些其他方法，国内外不少研究者针对不同的问题提出了若干对策。目前有些 Agent 研究人员也希望在 Web 服务上加上语义描述信息来支持动态的服务检索、绑定，使得 Web 服务可以成为 WebAgent，从而利用 Agent 的协同和组合机制实现应用的自动理解、服务组合和语义 Web。文献[47]提出了一个基于本体的两阶段服务发现方法来实现自动服务组合。文献[11,48,49]提出基于图搜索的服务自动组合方法,该方法将服务库中服务之间的关系用有向图表达,在图中进行遍历,寻找从输入到输出或者从输出到输入的可达路径。文献[50]提出了一种基于匹配策略的动态 Web 服务组合方法,利用已有的业务流程技术、Web 服务技术及匹配的思想,采用反向链算法从组合服务的输出参数开始逐步得到一组合适的服务,使其满足组合要求。在服务执行时,可以根据 Web 服务的状态进行动态调整,自动地将原子服务组合成满足要求的组合服务,但该方法是基于关键字匹配的服务匹配和服务组合,不支持语义匹配,必然导致误匹配和漏匹配的发生。文献[51]针对普适计算环境,提出了基于接口语义的服务描述、基于语义的服务匹配算法、预定义方案的多实例选择和执行及组合服务的实例生成算法等,以动态地组合出更加复杂的服务。该算法能有效地利用系统的资源、降低服务建立和实现的复杂性,但该方法实现的服务选择具有局限性等。文献[52]提出了一种基于支持语义的 Web 服务描述模型,基于该描述模型及本体库,实现 Web 服务的动态查找、绑定与调整,采用需求模板描述总体的、高层次的服务间的协作和控制关系,而在模板的节点层次调用动态服务组合算法进行局部的自动合成。由于该文采用了情境演算进行自动合成,而基于情境演算进行自动合成存在着效率和复杂度的问题。文献[53]提出将组合方案表示为一个有向无环图的动态服务组合方法,以目标服务的输入为指标集,将服务表示成图的节点,服务交互表示成边,并给出了候选组合方案的构造算法,以服务费用为测度,通过费用转移,提出了基于经典 Dijkstra 算法的最优组合服务算法。该方法没有涉及服务组合时的服务语义问题。文献[54]主要研究了基于异步通信的 Web 服务可正确合成的条件、Web 服务合成流程的相容性分析及 Web 服务的替换问题,提出 Web 服务可替换的相关约束及 Web 服务失败后的恢复机制。文献[55]针对在广域网环境下保证服务质量的动态 Web 服务组合建模、性能分析优化的应用框架、模型和方法展开研究。

1.2.3　服务组合验证

目前,Web 服务及其组合的形式化描述和验证是一个重要的研究方向。在服务组合的正确性验证方面,由于 Web 服务的独立性和自治性,当组合多个 Web 服务完成一个业务流程时,需要在建立阶段保证组合服务的正确性,使得 Web 服务组合能满足客户的服务需求,因此有必要对组合模型的正确性进行验证。现有的许多 Web 服务及其组合描述语言都是半形式化的,容易出错和不容易检测,正确性难以保证,需要有形式化的方法来验证 Web 服务组合模型的正确性[56](模型的正确性是指模型结构上的正确性,即是安全、有界、无死锁等)。一般而言,服务组合的描述越形式化,验证越容易实现,反之则不容易实现(如基于 BPEL4WS 和 BPML 的服务组合因缺乏形式化描述而难以验证)。目前,普遍的做法是将过程化组合描述转换成形式化描述。从文献分析可知,目前主要的形式化方法有 Petri 网[43,57-63]、进程代数[56,64-67]、自动机理论[68-70]等,其中,Petri 网和进程代数是较为常用的两种方法,下面对这两种方法中一些典型的文献进行分析。

文献[57]利用普通 Petri 网对服务进行建模,把服务的操作和服务状态分别映射到 Petri 网中的 Transition(变迁)和 Place(库所），提出了服务组合的Petri网模型，对服务组合中的各种基本结构（如顺序、循环、并发等）进行形式化表达，将服务组合的验证问题转变成服务组合的Petri网验证问题，以检查服务组合的活性、有界性和死锁/活锁等。文献[43,58]基于DAML-S，提出了将服务流程模型（原子和复合型）通过工具自动转变成Petri网，再利用Petri网对服务组合流程进行自动的定量分析、验证和仿真。文献[62]提供了从BPEL所有的控制结构到Petri网的映射，因此，为BPEL提供了形式化的语义。文献[63]描述了一种自动验证BPEL流程的验证工具BPEL2PNML，该工具可直接将BPEL转换成Petri网建模语言（Petri Net Markup Language，简称为PNML）。

进程代数是一类使用代数方法研究通信并发系统的理论的泛称，它包括Pi演算（Pi-calcus）[56,67]、通信系统演算CCS（Calculus of Communication Systems）[64]及LOTOS（Language of Temporal Ordering Specification，描述系统外观行为的时态次序语言）[65]等，其中Pi演算在Web服务组合分析与验证中使用较多。Bordeaux等人给出了Web服务环境下应用进程代数进行验证的研究综述[66]。文献[56]将Web服务元素，如Type（类型）、Message（信息）、Operation（运算）等，映射成Pi演算中术语，并且将Web服务以及Web服务的组合描述成Pi演算的进程表达式，并在此基础上，基于Pi演算的系统推演能力实现Web服务组合验证，以发现系统行为的不完整、死锁等缺陷。Rao等人[67]提出了一种线性逻辑定理证明的方法来实现基于语义的Web服务组合，该方法使用语义Web服务语言来表示服务的外在信息，通过逻辑方法将服务内在地表示成线性逻辑（Linear Logic，简称为LL），利用线性逻辑形式化地定义 Web 服务的属性,包括参数、状态和非功能属性,并使用 Pi 演算来表示组合服务的过程模型。

采用 Petri 网或者自动机对服务组合进行验证时,尽管较为直观,但在服务流程规模变大、服务数量变多、服务间交互复杂的情况下,往往会引起状态空间爆炸,因此,复杂度将会随着服务组合规模的增大而急剧增大,但 Petri 网可以应用人工智能的启发式搜索方法进行寻径以解决状态空间爆炸的问题[71]。基于进程代数的方法由于采用了文本的进程表达式描述系统,其表达能力强而且形式更为简洁,进程代数特别是 Pi 演算中的行为理论对于 Web 服务组合验证提供了良好的理论基础,但在过程敏感的信息系统〔如 B2B, CRM(Customer Relationship Management, 客户关系管理), Workflow Management and Business Process Management(工作流程管理和业务流程管理)〕和 Web 服务组合语言上下文环境中,Petri 网和 Pi 演算的最优性上存在着争论。文献[72]认为,Petri 网在 Web 服务建模上具有 Pi 演算不具备的优点,Petri 网能对包含结构的复杂系统建模,而 Pi 演算则不能对之进行建模。因而,本文在第六章采用 Petri 网对 Web 服务组合模型的形式化验证问题展开研究。

综上所述,主要给出两类服务组合方法的比较分析,如表1.2.2 所示。

表1.2.2　两类服务组合方法的比较

方法\特性	基于工作流的服务组合方法	基于 AI 的服务组合方法
核心描述对象	活动	动作与状态变迁
建模自动化程序	较低,依赖开发者建立组合服务模型	较高,以自动建模为目标
组合正确性保证	不直接支持,可借助 Petri 网等形式化工具进行分析和验证[62,63]	不直接支持,可借助 Petri 网等形式化工具进行分析和验证[43,58]
执行自动化程序	强调执行的自动化	对规划的结果进行转换,转换成能自动执行的方式
灵活性	一般	好
实现的难易	较易	难
实用性	具有实用化的基础	难

从表1.2.2可见,基于工作流的服务组合方法因涉及大量的人工参与,如流程建模、服务绑定、参数设定等,故自动化程度不高,基于 AI 的服务组合方法虽然自动化程度高,但具有难以实现的特点。由于服务组合涉及大量具有不同语义、句法和结构的 Web 服务,而基于语义描述和服务相似度的半自动化服务组合具有巨大的潜力,因此文献[73]指出,半自动化的服务组合可减少企业内和企业间业务流程集成代价和提高服务组合质量。

§1.3　解决问题的思路和方法

近年来,随着语义网理论的提出及 Web 服务技术的逐渐发展,基于语义的 Web 服务组合问题也逐渐成为相关工业界和学术界研究的一个重点和热点问题。Web服务组合在理想情况下,应能通过恰当的服务发现机制在动态环境下有效地定位服务,服务组合过程在最少用户干预的情况下应随着环境的变化而变化。然而,服务组合依赖于各个分布的、异构的服务才能实现协同运行,而为了完成某一组合过程而涉及的服务可能是处于不断变化之中,同时用户的需求也可能发生变化,所以在服务选择的过程中需要提供动态机制以解决这种不确定性,从而提高对上述变化的适应能力及服务正常运行效率。由前述分析可知,目前,虽然工业界和学术界已经提出了一些方案,但完全基于工作流的服务组合存在自动化程度低、随需应变能力弱、灵活性不够的问题,而完全基于人工智能的自动服务组合存在复杂度高及不容易实现的问题。因此,本文在前人工作的基础上,结合服务语义匹配及服务的QoS属性,围绕基于工作流的服务组合建立阶段的主要问题(包括服务匹配、服务选择、服务组合验证及服务组合流程中抽象服务节点的自动合成)展开研究,以进一步增强服务组合的灵活性、动态性和自动性。本文主要从以下三个方面开展研究:

1)兼顾服务的语义匹配度及QoS属性研究服务组合中的服务选择问题(其中,服务选择涉及局部服务选择及全局服务选择问题),以提高服务选择的自动性及服务组合的动态性与灵活性;

2)着重于研究服务组合流程中抽象服务节点自动合成问题,实现灵活性和复杂性的有效结合,以提高服务组合的自动化程度;

3)研究服务组合模型的验证问题,以确保服务组合流程的正确性。

针对上述三个方面的问题,解决问题的思路和方法如下:

首先,基于图论、本体论等方法对服务语义匹配及局部最优服务选择问题展开研究,并关注服务模式的匹配及服务实例的最优选择;

其次,基于组合最优化理论对QoS全局感知的Web服务组合展开研究,兼顾服务语义匹配度与QoS属性,实现全局语义匹配和QoS约束的服务优化选择;

再次,基于后向搜索,研究组合服务流程中抽象服务节点的自动合成,当该抽象服务节点无相应的服务实例与之对应时,进行抽象服务节点自动合成;

最后,基于Petri网,研究Web服务组合模型的建模及验证,以达到对服务组合模型的正确性验证。

§1.4 研究内容与创新之处

1.4.1 研究内容与论文结构

本文主要研究基于语义的Web服务组合方法,研究内容与要解决的问题主要表现在服务组合的建立阶段,包括研究Web服务的服务匹配、服务选择及抽象服务节点自动合成等。全文分为七章,具体内容安排如下:

第一章引出论题,即Web服务组合问题及研究背景、研究意义、国内外研究现状和存在的问题,并讨论了解决问题的思路和方法。

第二章讨论基于语义的Web服务组合理论基础和系统架

构。其中,理论基础主要包括本体论、图论、最优化理论等,系统架构主要描述本文所讨论的服务组合主要组成部分及各组成部分间的关系。

第三章研究基于语义匹配的 Web 服务混合选择问题。对基于语义的 Web 服务组合特点、QoS 约束等进行研究,提出一种兼顾语义匹配和 QoS 属性的服务混合选择框架及相关策略,给出相关定义及服务接口语义匹配算法;并在基于语义匹配的基础上,兼顾服务 QoS 属性,给出 Web 服务混合选择策略以实现局部最优服务选择。

第四章给出 QoS 全局感知的服务组合方法,与局部最优服务选择互相补充。该方法包括对抽象服务组合流程的 QoS 及语义匹配度建模,在此建模的基础上,设计计算服务组合流程的 QoS 及语义匹配值的算法。针对该算法的执行结果,采用组合最优化理论及遗传算法来研究服务组合的语义匹配度及 QoS 约束问题,并对基于遗传算法实现服务组合的方法及策略进行拓展,设计遗传算法的两种目标函数及其约束,以产生满足应用需求及相应约束的服务组合方案。

第五章研究基于 SLM 的抽象服务节点自动合成,即如何提高基于流程的服务组合灵活性问题,当服务组合流程中某个抽象服务节点没有相应的具体服务可以实现绑定时,则针对该抽象服务节点进行自动合成。给出了语义链矩阵(Semantic Links Matrix,简称为 SLM)的形式化表示方法,在 SLM 提供的服务间语义链的基础上,采用后向搜索算法实现抽象服务节点自动合成,从而得到满足抽象服务接口功能的大粒度的合成服务。

第六章研究基于 Petri 网的 Web 服务组合建模与验证方法,对基本控制流及具有基本控制结构的服务组合进行建模进而达到对复杂服务组合的建模,给出服务组合 Petri 网模型的生成算法并对服务组合模型进行分析和验证。

第七章对全文进行总结,并讨论本文存在的不足以及需要进一步深入研究的问题。

1.4.2 创新之处

基于语义的 Web 服务组合是当前网络应用研究的一个重要发展方向。本文将 Web 服务、语义学、工作流、最优化理论、遗传算法、图论、集合论等相关方法与理论引入到 Web 服务组合领域中,并将多学科的理论和方法有效地综合起来,有效地求解本文的主要问题,其中将本体论技术、基于 QoS 的服务选择及抽象服务节点自动合成等技术相结合是本论文的一个突破点。本文主要围绕服务组合建立时抽象服务组合流程的具体化及验证展开研究,主要创新工作有如下几点:

1)提出一种基于语义匹配的 Web 服务混合选择策略。该策略基于语义匹配及 QoS 实现局部最优服务选择。在服务选择的过程中,同时体现对服务功能属性及非功能属性的支持,充分考虑接口间的服务语义关联,通过接口间的语义匹配完成服务的语义选择,在语义匹配的基础上,当存在多个功能相同的候选服务时,通过服务的 QoS 属性进行较优候选服务的选择。该策略针对具有多种控制结构的抽象服务组合流程并兼顾语义匹配度和 QoS 值对该抽象服务组合流程进行服务选择,从而减少候选服务的数目并提高服务选择的精确度。

2)提出 QoS 全局感知的 Web 服务组合方法。由于局部最优并不能导致全局最优,因此,当对抽象服务组合流程有全局语义满足及 QoS 约束要求时,有必要在全局范围里选择满足整个服务组合流程的 QoS 约束和语义匹配度要求的具体服务集,并获取服务组合的优化解。基于最优化理论提出 QoS 全局感知的 Web 服务组合方法,将多 QoS 约束及组合服务的语义匹配度满足问题转化为带有多约束条件的目标优化问题,针对该问题设计两种不同的目标函数并给出相应的遗传算法实现。该方法兼顾整个服务组合流程的语义匹配值及多 QoS 约束满足问题,可提高基于语义的服务组合性能并降低基于流程的服务组合的复杂度,可有效获取全局优化解并解决服务组合爆炸问题。

3)提出基于 SLM 的抽象服务节点自动合成方法。当抽象服务组合流程中的抽象服务节点没有相应的具体服务可绑定时,需要针对该抽象服务节点实行自动合成,该自动合成实际上是一种问题求解,即从抽象服务节点的初始状态出发,以获取满足该抽象服务接口功能的服务序列为目标。提出基于 SLM 实现抽象服务节点自动合成的方法,在 SLM 提供的服务间语义链的基础上,给出实现抽象服务节点自动合成的后向搜索算法,以动态地生成抽象服务节点的 Web 服务组合方案。该方法适用于抽象服务节点没有对应的具体服务或只能采用合成的方式实现其功能的场合,可提高服务组合的灵活性和自动性,以适应 Web 服务的动态变化。

4)提出基于 Petri 网的服务组合模型验证方法。给出服务网的定义,提出对基本控制流及具有基本控制结构的服务组合进行建模进而达到对复杂服务组合建模的方法,给出服务组合 Petri 网模型的生成算法,并从抽象服务组合层面验证模型的正确性,以检验模型是否具有可达性、有界性及组合中是否有死锁存在等,达到检测组合服务执行时的瓶颈问题,以确保服务组合流程的正确性。

§1.5　本章小结

本章通过对 Web 服务组合的描述和国内外研究现状的分析,得出基于语义的 Web 服务组合是 Web 服务研究领域的一个难点和热点问题。服务组合的目标是将独立的 Web 服务组合成用户想要的目标服务,因此,Web 服务组合研究的目的就是要在众多的 Web 服务中应用相应的服务组合策略,建立一个满足用户需求的组合服务。实现有效的服务组合涉及服务匹配、服务质量及服务的自动组合等,因此,本文在前人工作的基础上,对基于语义的 Web 服务组合展开研究,围绕服务组合建立阶段的主要问题,重点研究满足语义要求及 QoS 约束的 Web 服务组合及抽象服务节点的自动合成机制,并关注组合模型的正确性验证问题。

第二章 基于语义的 Web 服务组合理论基础和系统架构

§2.1 引言

本章首先讨论了基于语义的 Web 服务组合的相关理论基础,包括本体论、图论、最优化理论与遗传算法、Petri 网等,这些理论基础对本文研究基于语义的 Web 服务组合所使用的研究方法和手段起着基础支撑作用,并将在本研究后面的章节中多次提及或使用;其次讨论了基于语义的 Web 服务组合的系统架构,包括相关定义及服务组合流程的介绍。

§2.2 Web 服务组合问题描述

Web 服务是通过网络提供服务的,一个 Web 服务包括服务的功能属性集合和非功能属性集合,其功能属性主要是指服务操作的功能,如操作的输入/输出参数功能描述,而非功能属性指服务质量,如服务执行时间、代价、可靠性、可用性等非功能属性。在实际商业应用中,为了让参与业务流程的 Web 服务能切实可行,不仅要根据流程定义的功能描述来选择候选 Web 服务,还要依据 Web 服务的非功能约束需求来选择优化的 Web 服务,这是 Web 服务的 QoS 成为服务组合时需要考虑的重要因素。

§2.3　理论基础

2.3.1　本体论

"本体"指客观存在的一个系统的解释和说明,是客观现实的一个抽象本质。它原本是哲学上的概念,但从 20 世纪 90 年代开始引起了人工智能领域的广泛关注,被应用在知识工程、知识表达、自然语言处理、信息检索、信息集成和知识管理等诸多领域。

本体的定义有多种,比较典型的定义是 Studer 等人提出的共享概念模型的明确的形式化规范说明[74]。该定义包含四层含义:概念模型、明确、形式化和共享。"概念模型"指通过抽象出客观世界中一些现象的相关概念而得到的模型,概念模型所表现的含义独立于具体的环境状态。"明确"指所使用的概念及使用这些概念的约束都有明确的定义。"形式化"指本体是计算机可读的(即能被计算机处理)。"共享"指本体中体现的是共同认可的知识,反映的是相关领域中公认的概念集,即本体针对的是团体而非个体的共识。本体的目标是捕获相关领域的知识,提供对该领域知识的共同理解,确定该领域内共同认可的词汇,并从不同层次的形式化模式上给出这些词汇及其相互关系的明确定义。

本体主要提供了明确的概念模型和推理规则,可以实现信息在语义层次的集成及提供比关键字搜索更为强大的、准确的查询表达能力,其提供了基于本体库的统一的语义理解,能实现高效、准确地在 Web 服务空间中查找适合的 Web 服务。目前,本体描述语言有 RDF(Resource Description Framework)[75]、OWL[76]及 Topic Map[77]等。

领域本体是对特定领域中概念和概念之间关系的精确描述,提供了互相理解的语义基础。本研究参照文献[78]给出一种采用六元素定义的领域本体,如下:

定义 2.3.1.1(领域本体) 领域本体定义为六元组{ C,A^C,R,A^R, H,X },其中:

1) C 代表概念集合, C 中的每一个概念 C_i 代表了一组同类对象;

2) A^C 代表每一个概念的属性集合;

3) R 代表关系集合, R 中的每一个关系 $R_i(C_p,C_q)$ 代表了概念 C_p , C_q 之间的双向关系;

4) A^R 代表每一个关系的属性集合;

5) H 代表概念层次体系,是由 C 所派生的概念层次(父类—子类关系)集合;

6) X 代表本体公理集合, X 中的每一条公理代表了一种约束;

本文主要利用领域本体中的概念层次体系来计算服务语义匹配度,详细内容见本研究第三章相关内容。

2.3.2 图论

图论是一门古老的数学分支,起源于著名的柯尼斯堡七桥问题。计算机技术和网络通信技术的发展大大促进了图论理论的研究和内容的丰富。图论内容主要包括图与网络的基本概念、图的存储结构、图的遍历算法、最短路径、最小生成树和拓扑排序等知识。

本研究所涉及的几个重要概念[79,80]，列举如下：

（1）图（Graph）

图是图型结构的简称，可以用二元组形式化定义为：

$G = (V,E)$ ；

$V = \{v_i | 1 \leqslant i \leqslant n\}$ ；

$E = \{\langle v_i,v_j \rangle | v_i,v_j \in V \wedge P(v_i,v_j)\}$ 。

其中，G 表示图，是一种复杂的非线性结构，V 是图 G 上的非空顶点（Vertex）的集合，E 为边（Edge）的集合，谓词 $P(v_i,v_j)$ 定义了弧 $\langle v_i,v_j \rangle$ 的意义或信息。

（2）网（Network）

如果图中的边或弧带有权，则称这种图为网。

（3）二分图

设图 $G = (V,E)$ ，若能把 V 分成两个集合 V_1 和 V_2 ，使得 E 中的每条边的两个端点，一个在 V_1 中，另一个在 V_2 中，则这样的图称为二分图。

二分图理论可以很好地应用到服务匹配中，详细内容见本研究第三章。

2.3.3　最优化理论

最优化理论是一门应用相当广泛的学科，是当今重要的应用数学分支。它讨论决策问题的最佳选择之特性，构造寻求最佳解的计算方法，研究这些计算方法的理论性质及实际计算表现。本研究所涉及的几个重要理论如下[81-84]：

(1)多目标优化问题

在数学上，最优化是在一些约束条件下（等式或不等式）求函数的极值点。按有无约束分为无约束最优化、约束最优化，按目标函数的多少又可以分为单目标优化、多目标优化。无约束最优化是约束最优化的特例，单目标优化是多目标优化的特例，因此多约束多目标是最优化理论模型的一般形式。常用的数学方法为：①建立一个数学模型来表示研究中的系统（即建模）；②由模型导出一个解；③检验模型及由此模型导出的解；④实施。

下面是多目标优化问题的数学模型的一般化描述：

$$\begin{cases} \min f_1(x_1,\cdots,x_n), \\ \cdots\cdots \\ \min f_r(x_1,\cdots,x_n), & g_i(x_1,\cdots,x_n) \geq 0, i=1,\cdots,p; \\ \max f_{r+1}(x_1,\cdots,x_n), & s.t. \\ \cdots\cdots & h_k(x_1,\cdots,x_n)=0, k=1,\cdots,q。 \\ \max f_m(x_1,\cdots,x_n) \end{cases} \quad (2.3.3.1)$$

式（2.3.3.1）中，$f_1(x_1,\cdots,x_n)(j=1,2,\cdots,m)$称为目标函数，$g_i(x_1,\cdots,x_n)$与$h_k(x_1,\cdots,x_n)$称为约束函数，$n$个变量$x_1,\cdots,x_n$称为决策变量，$x=(x_1,\cdots,x_n)^T$称为决策向量。式（2.3.3.1）表示在满足$p$个不等式约束和$q$个等式约束的条件下，求$r$个数值目标函数的极小值和$(m-r)$个数值目标函数的极大值。对极大化问题，可将目标函数乘以(-1)，转化为最小化问题求解，即令：$\max \varphi(x_1,\cdots,x_n)=\min(-\varphi(x_1,\cdots,x_n))$，因此同理可以求出多目标最大化模型。

因此，称

$$D = \left\{ x \in \mathbf{R}^n \left| \begin{array}{ll} g_i(x) \geq 0, & i = 1, \cdots, p \\ h_k(x) = 0, & k = 1, \cdots, q \end{array} \right. \right\} \text{为可行域。}$$

单目标优化问题与多目标优化问题的数学模型类似,只是目标函数仅有一个而已。

组合优化的特点是可行解的数量有限,其最具挑战的问题之一是如何有效地处理组合爆炸的问题,通常解决这类问题的一种重要思路是采用遗传算法[84]。

(2)遗传算法

随着问题规模的扩大,组合优化问题的搜索空间急剧扩大,有时在目前的计算上用枚举法很难甚至不可能得到其精确最优解。对于这类复杂问题,人们已认识到应将精力放在寻求满意解上,而遗传算法则是寻求这种满意解的最佳工具之一。

遗传算法是由美国 Michigan 大学的 John Holland 教授于 20 世纪 60 年代末创建的,并迅速被推广到优化、搜索、机器学习等研究领域。该算法借用了生物遗传学的观点,通过自然选择、遗传、交叉、变异等作用机制,体现了自然界中物竞天择、适者生存的进化过程。基本遗传算法(Simple Generic Algorithm)可定义为一个八元组:

$$SGA = (C, E, P_0, N, \Phi, \Gamma, \Psi, T) \text{。}$$

其中,C 为个体的编码方法,E 为个体的适应度评价函数,P_0 为初始种群,N 为种群大小(一般取 20~100),Φ 为选择算子,Γ 为交叉算子,Ψ 为变异算子,T 为算法终止条件(一般为终止进化代数)。

遗传算法通过进化和遗传机理,从给定的原始解群中,不断进化产生新的解,最后收敛到一个特定的解,即求出最优解。该算法具有鲁棒性强、随机性、全局性以及适于并行处理的优点,是一种全局优化算法。实践证明,遗传算法对于组合优化中的NP完全问题(Non-deterministic Polynomial)非常有效[83]。

(3)罚函数法

罚函数法是求解一般约束最优问题的重要方法,实现将约束问题转换为无约束问题。即根据约束的特点,构造某种"惩罚"函数,加到目标函数中去,这种"惩罚"策略在无约束求解过程中对那些违反约束的迭代点给予很大(很小)的目标函数值,对极小化(极大化)目标而言是一种惩罚,迫使一系列无约束问题的极小点或无限地靠近可行域,或一直保持在可行域内移动,直到迭代点列收敛到原约束问题的极小点。

将约束问题转换为无约束问题,对极小化问题,将罚函数包含到适应度评价中,可以采用下列形式[83]:

$$f(x)+rp(x), \tag{2.3.3.2}$$

式中, $f(x)$ 为遗传算法中的目标函数, r 为罚函数尺度系数, $r>0$,罚函数 $p(x)$ 为满足下列条件的函数:

$$\begin{cases} P(x)=0, & x \in D, \\ P(x)>0, & x \notin D。 \end{cases} \tag{2.3.3.3}$$

式(2.3.3.3)中, $x=(x_1,\cdots,x_n)^T$ 为决策向量, D 为问题的可行域。

对于不同的问题需要设计不同的罚函数,但如何设计罚函数以有效地惩罚非可行解,对问题的解决至关重要。罚函数法在约束数目少及复杂性低的情况下比较适用,特别是对于规模不大的线性约束最优化问题,有较好的应用效果。

本研究应用最优化理论来研究 QoS 全局感知的 Web 服务组合问题,详细内容见本研究第四章。

2.3.4 Petri 网理论

Petri 网是一种结构化的描述工具,它能够充分地描述结构中局部及局部之间的联系,能够捕捉事件的先后、并行、同步与异步特征,反应系统的冲突、互斥、非确定及系统死锁,可以用于检查与防止诸如死锁、冲突等不期望的系统行为特性[85]。

Petri 网(Petri Net,简称为 PN)的结构是由 5 元素描述的一有向图:

$$PN=(P, T, I, O, M_0),$$

其中:

1)P:有限 place 集;

2)T:有限变迁集;

3)I: $P \times T \rightarrow N$ 是输入函数,它定义了从 P 到 T 的有向弧的重复数或权的集合,这里 $N = \{0, 1, \cdots\}$ 为非负整数集;

4)O: $T \times P \rightarrow N$ 是输出函数,它定义了从 T 到 P 的有向弧的重复数或权的集合;

5)M_0:系统的初始状态标识,即初始时标记在各位置中的分布。

本文基于 Petri 网验证 Web 服务组合模型的正确性,详细内容见本研究第六章。

§2.4　系统架构

2.4.1　基本概念与定义

目前,人们已经在Web服务组合的相关领域(如组件技术和工作流技术)做了大量的研究,使得通过软件重用和工作流的业务协同处理机制,人们可以迅速地构造满足客户需求的集成应用系统,和传统的工作流集成相比,服务组合有其自身的特点:①服务的空间更大,服务提供商遍及Internet并且所提供的服务是动态更新的,新服务可能不断加入,服务的具体能力也是变化的;②可能有多个服务提供商可以提供类似的服务,而这些服务只在某些非功能属性(如服务质量)上存在差异;③服务协同需要根据客户的需求进行动态调整,并根据客户的需求选择相应的具体服务等。基于语义的Web服务是Web服务的一个子集,因此在实现基于语义的Web服务组合时需要考虑到以上特点。

服务组合中通常会涉及两种概念的服务:抽象服务和具体服务。文献[86]给出两者的区别,称由提供者所提供的对应一个相似竞争服务的功能描述为抽象服务(Abstract Services),而相似竞争服务为具体服务(Concrete Services)。同一个抽象服务可能会有很多的具体服务可供选择,这些具体服务的不同之处在于其QoS值。本研究在文献[3,86]的基础上,给出抽象服务的形式化定义,如下:

定义2.4.1.1(抽象服务)　抽象服务 AS 是一个三元组: $AS=\{BasicInfo,FunInfo,QoSInfo\}$,其中:

1）*BasicInfo* 表示服务的基本信息，用以识别不同抽象服务的信息；

2）*FunInfo* 表示服务的功能属性，*FunInfo* 是一个多元组：$FunInfo = \{Op_1, Op_2, \cdots, Op_n,\}$，其中 $Op_i = \{Input, Output\}$ 表示服务的一个操作，$Input = \{Input_1, Input_2, \cdots, Input_m\}$ 表示服务的操作 Op_i 的输入参数集合，每一个输入参数 $Input_i$ 是一个三元组 $Input_i = \{Name, Semantic, Type\}$，其中 *Name* 表示参数名称，*Semantic* 表示参数所对应的语义标签，*Type* 表示参数的数据类型；$Output = \{Output_1, Output_2, \cdots, Output_n\}$ 表示服务的操作 Op_i 的输出参数集合，其中每一个输出参数的含义与输入参数类似；

3）*QoSInfo* 表示服务的非功能属性，由多个非功能属性条目组成，每个非功能属性是一个四元组：$QoSInfo = \{Name, Semantic, Value, Unit\}$，其中 *Name* 表示非功能属性名称，*Semantic* 表示该名称所对应的语义标签，*Value* 表示非功能属性的取值，*Unit* 表示非功能属性取值的单位。

本研究所提出的抽象服务是抽象的特征单元，具有封装性和信息隐蔽性，其功能由它的接口定义。抽象服务可以更好地实现服务组合的动态性和灵活性，为支持抽象服务的具体化及实现基于语义的服务组合中服务自动匹配，一系列的语义注解（Annotation）需要被关联到过程说明，以指定流程的内在特性或用户对待组合服务的需求[87]。为此，首先需要定义一个在某个应用环境下共同遵守的领域本体，其次将服务抽象成具有输入和输出接口的实体，并用领域本体对功能属性及非功能属性进行描述（如上述定义中的语义标签 Semantic）。

文献[16]指出服务组合时存在两种服务参与者：①可执行服

务[88]：直接绑定到抽象服务，可以节省时间，但不能适应动态变化的网络环境；②抽象服务节点：需要进行服务语义匹配操作，并通过 QoS 过滤服务，运行时动态绑定服务，可以适应动态变化的网络环境，但花费时间相对较多。本研究在动态性和时间耗费上进行综合考虑，将服务组合主要分成抽象服务组合及具体实现两个部分，目的在于针对不同的需求和不同的数据做出相应的处理，提供用户期望的组合服务功能。下面给出抽象服务组合的定义。

定义 2.4.1.2（抽象服务组合） 抽象服务组合是指按照业务需求将各抽象服务按照一定的规则组合成一个增值的、更大粒度的服务或是一个系统的过程。

抽象服务组合通过将有关服务组合的知识封装、抽象、集成起来（包括抽象服务的基本信息、逻辑结构、内部数据关联等），以创建一个当前不存在的、具有新功能的组合服务。

在抽象服务组合流程形成之后，需要将抽象的服务组合绑定相应的具体服务，本研究称之为抽象服务组合具体化，定义如下：

定义 2.4.1.3（抽象服务组合具体化） 抽象服务组合具体化是指决定抽象服务组合流程的执行计划的过程，即对每个抽象服务确定有序对 $\{(abstractWS_i, concreteWS_i)\}$，表示抽象服务 $abstractWS_i$ 的功能是通过调用具体服务 $concreteWS_i$ 来实现的，其中，$concreteWS_i$ 可为原子服务或复合服务。

2.4.2 服务组合系统架构

基于上述定义,本研究提出基于语义的服务组合系统架构,主要体现在服务组合的建立阶段,主要包括两大部分:

1)抽象服务组合。针对这一部分,本研究主要研究抽象服务组合的正确性验证。

2)抽象服务组合具体化。针对这一部分,本研究主要研究的内容包括:服务选择和抽象服务节点自动合成。

该系统架构如图2.4.1所示。

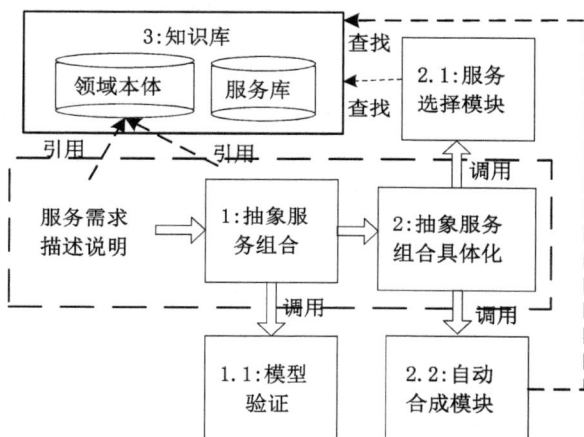

图2.4.1 基于语义的服务组合系统架构

该架构的核心模块如下:

1)抽象服务组合(模块1):模块1调用验证模型(模块1.1),模块1.1主要用于检验模型的正确性、合法性、是否存在死锁等(见第六章)。

2)抽象服务组合具体化(模块2):抽象服务组合流程中抽象服务节点被用于指定所需服务的特性,通过该特性,调用服务选择模块,发现相应的具体服务,产生可执行服务流程[16];若不存在独立的、满足抽象服务接口要求的具体服务,则需对该抽象服务节点进行自动合成。为提高服务组合的自动性和动态性,本研究抽象服务组合的具体化主要调用如下模块:

①服务选择模块(模块2.1):该模块兼顾Web服务语义匹配及QoS属性,选择与抽象服务相匹配的具体Web服务。根据具体情况的不同,本研究采用了如下两种选择策略:

● 局部最优服务选择:当需要对抽象服务组合流程进行局部最优服务选择时,需要将局部最优的具体服务指派给相应的抽象服务。引入二分图的最大匹配实现接口语义匹配,以实现服务语义匹配及QoS属性的局部最优服务选取(见第三章)。

● 全局优化服务选择:当对抽象服务组合流程有全局约束要求时,有必要对该抽象组合服务进行QoS全局感知及语义匹配,并将具有全局优化解的具体服务指派给抽象服务。引入最优化理论及遗传算法实现服务的选择,以获得满足抽象服务组合流程的服务语义匹配及QoS全局感知的优化解(见第四章)。

②自动合成模块(模块2.2):该模块的功能是实现抽象服务节点的自动合成。当抽象服务节点不存在相应的具体服务可以绑定时,需要根据抽象服务节点的描述,对抽象服务节点进行自动合成,以提高整个服务组合流程的可用性和动态性,提出基于SLM的后向搜索算法实现抽象服务节点自动合成,旨在促进服务组合从手动到半自动化过程(见第五章)。

3)知识库(模块3):主要包括领域本体及服务库。领域本体(见定义2.3.1.1)用于对Web服务进行本体标注及对用户的需求进行语义封装,以促进服务自动发现与自动互操作[89];服务库中存放的是一系列的服务信息。

从上述对各模块的分析可知,宏观方面,该架构允许服务组合设计者为某些活动设定抽象服务,利用工作流机制来设置服务组合的抽象服务流程,采用相关的方法为其选择需要的具体服务,以克服基于AI的服务组合所存在的不确定性和复杂性问题;微观方面,该架构可根据需求,在抽象服务节点采用自动合成技术,根据语义匹配自动获取服务序列以完成该抽象服务的接口功能。该架构的抽象流程和具体流程的设计可对不同目标、不同的数据做出相应的处理,从而提高服务组合动态性和灵活性。

§2.5 本章小结

利用本体论领域模型,实现动态、(半)自动化Web服务组合是目前研究的重点和热点。Web服务组合依赖于各个分布、异构服务的协同运行,而涉及的这些服务可能处于不断变化中,服务的动态创建和更新导致难以手动分析、匹配及选择服务的问题。为提高Web服务组合的动态性及降低组合的复杂度,本章提出了一个基于语义的Web服务组合系统架构并加以分析。该架构在宏观上基于工作流及语义实现对粗粒度服务组合流程的控制,并可基于过程约束和语义匹配实现动态的服务选择;在微观上则根据需求,对该抽象服务组合中的抽象服务节点自动合成,减少人工干预,提高服务组合的动态性和灵活性。另外,本章提出的系统架构将本体论引入到Web服务的描述中,使Web服务具有充足的语义信息,从而减少Web服务发现、匹配和组合的不确定性。

第三章　基于语义匹配的Web服务混合选择

§3.1　引言

Web服务作为一种崭新的分布式计算模型,是数据和信息集成的有效机制。目前,电子商务活动往往依赖第三方提供的应用和服务[90],随着Web服务数量的日益增加,用户在请求相应的Web服务时可能不知道存在什么样的服务,而服务在制定时也不能预期存在什么样的请求,因此当服务消费者寻求特殊的Web服务时,仅仅基于句法匹配的服务选择已经不能满足用户的需求。而且,对于日益增多的Web服务,若不采取恰当的应对措施,则无法快速地从大量服务中选择到需要的服务,因此有必要基于语义匹配选择恰当的服务,提高服务的可用性,以更好地满足用户需求。另外,基于语义的Web服务组合方法往往要求动态绑定具体的服务资源,这就涉及服务的自动匹配与选择问题。目前Web服务及语义网技术的研究表明,自动匹配及利用Web服务以解决特定问题具有广泛的应用前景,如何匹配并选择面向组合的Web服务以形成新的、满足不同用户需求的增值服务成为新的应用需求和研究热点。

本章提出一种兼顾语义匹配和QoS属性的服务混合策略,该策略首先选择出满足语义匹配的具体服务集,然后按服务的QoS值在该服务集里选择最佳QoS性能的服务,这种混合式选择策略能同时满足服务的功能要求和非功能要求,可提高局部最优服务选择的正确性和可用性。同时,本章还给出结合语义匹配度和 QoS 属性值的 Web 服务混合选择算法,并对多种控制结构进行分析。

§3.2 问题描述

Web 服务具有功能和非功能属性,在服务选择时,这两种属性往往都起着重要作用,但在考虑语义支撑的情况下,服务的功能属性比非功能属性的优先级高。如何将两者有机地结合,以提高局部服务选择的自动性和准确率是本章研究的主要内容。服务选择离不开相应的服务匹配,为匹配并选择局部最优服务,需要考虑如下一些因素:

1)如何判断一个发布服务与请求服务是否匹配?

2)应该采用什么样的服务选择策略,在选择的过程中应该需要哪些信息以及如何在选择的过程中使用这些信息[91]?

针对上述问题,本章提出一种结合服务功能属性及非功能属性对服务进行混合选择的策略,该策略兼顾服务的语义匹配及 QoS 属性,以实现局部最优服务选择。在实现服务选择时,主要关注 Web 服务的两个方面:一是服务模式匹配,服务模式指定了服务的功能需求,在服务选择时要考虑服务功能间的语义兼容性,以实现对服务接口参数的语义连接;二是服务实例(Service Instance),当服务的几个运行实例可对应相同的服务模式时,有必要分析相同服务模式下不同服务实例的 QoS,并通过 QoS 进行服务实例的选择。

§3.3 相关研究

服务组合是一个重要的研究领域,而服务匹配及动态服务选择是其关键的步骤之一,至目前为止,国内外很多团队及机构都在这方面做出了众多的研究。

目前在服务语义匹配方面的研究可以分为两类,第一类是面向独立服务的服务匹配,第二类是面向服务组合的服务匹配。两类匹配存在一些交叉内容,但是第二类对服务匹配的结果要求更严格,以避免误匹配导致误组合的实现。下面对一些典型的文献进行分析。针对第一类匹配,Paolucci 等人[27,92]提出了一个语义匹配算法,给出了四种匹配,能够识别请求服务与发布服务之间的输入/输出匹配的四种程度,该算法的缺点是匹配分类不足,匹配不精细。在 Paolucci 提出的算法基础上,Namgoong 等人[93]给出了服务匹配的可用性,文献[94]与文献[95]对 Paolucci 的服务匹配算法进行了扩充,前者增加了容器(Container)和部分匹配(Part Of),后者增加了非空不相交的匹配,但这些研究都是基于有限类别的匹配,没有涉及到语义匹配度。针对第二类服务匹配,Xu 等人[96]给出了一种快速的服务发现和组合方法,该方法在服务索引的基础之上实现了基于服务的句法和语义的服务匹配,但未考虑到面向组合的服务匹配中前趋服务与后继服务之间的匹配。Arpinar 等人[21]给出了面向组合的服务匹配,主要是针对接口的参数匹配,该文献所提出的服务匹配主要基于文献[27]给出的四类匹配进行的,没有按照服务匹配优先级进行服务匹配的过滤。Aiello 等人[97]给出了一种基于服务索引的服务匹配方法,但是该文没有结合语义匹配度来实现服务匹配以及没有对完全匹配与包含匹配进行区分。文献[87]采用的是穷取法求服务间的最优匹配问题,其所用的时间为指数型增长,当服务操作的参数很多时面临着巨大的时间耗费问题。文献[6]通过改进Kuhn-Munkres算法,提出了CalSimPR算法,该算法将服务接口匹配问题转化为带权二分图的最佳匹配问题,该文献的方法仅从语义匹配角度进行服务的选择,而没有考虑到服务的QoS属性。文献[98]研究了基于遗传算法的具有全局QoS限制的Web服务选择。

在服务选择方面,文献[99]提出了一个支持选取组合服务的QoS模型层次结构,并在此基础上给出了一个QoS驱动的选取组合服务算法,该模型在支持组合服务的动态选取、保证组合服务的整体质量方面具有较好的效果,但是支持组合服务选取时缺乏对语义关联的支持。文献[100]提出了一种支持QoS属性描述的Web服务描述模型,通过在原有的Web服务描述语言的Tport元素中添加OperationInst属性来描述QoS属性以获得一种可扩展的Web服务描述语言,并给出了服务选择算法,同时给出了QoS驱动的服务组合框架(E-WsFrames)和具体实现方法,但是该方法并没有结合服务的语义匹配结果,所以服务选择存在片面性。文献[101]给出了一种基于语义的服务选择机制,通过相似度理论和Web服务本体计算服务接口之间的语义距离,但是没有结合QoS指标对服务进行选择。文献[102]提出了一个QoS代理的Web服务体系结构及两阶段选择技术,该体系支持基于QoS的服务选择和监控,但存在的不足是不易于被应用。文献[103]从句法和语义角度进行服务的匹配、选择及组合,但是该方法没有考虑到服务的 QoS 因素。文献[103]借助语义 Web 服务语言及模型驱动的方法来组合服务,提出了结合语义和 QoS 的服务选择,但该方法主要是基于输入和输出接口的语义匹配,没有考虑到待组合服务间的语义关联。文献[104]提出了模型驱动的语义 Web 服务语言,并展示了如何在构建复合 Web 服务的模型驱动方法中使用所提议的语义 Web 服务语言。

本章在前人工作的基础上,侧重关注服务语义匹配及服务 QoS 属性相结合的服务选择,采用二分图的最大匹配实现在服务接口上的最优语义匹配,研究基于语义匹配的 Web 服务混合选择策略,以实现局部最优服务选择。

§3.4 基于语义匹配的 Web 服务混合选择框架与策略

本章的内容是:首先给出与服务的语义匹配相关的概念及定义,其次给出 Web 服务的 QoS 概念及定义,最后给出针对独立服务和组合流程的混合式服务选择策略及相关性算法流程。

另外需要申明的是:因为服务可能包含多个操作,为提高服务匹配的正确性,本研究提出的服务语义匹配都是针对服务操作进行匹配的。

3.4.1 基本概念与定义

服务间的语义匹配离不开语义距离,参照文献[105],首先给出语义距离的定义,如下:

定义 3.4.1.1(语义距离) 语义距离表示两个本体中概念 O_1 与 O_2 的语义间的距离,记为 $\mathrm{dist}(O_1, O_2)$,其值满足式(3.4.1.1)的要求。

$$\text{dist}(O_1,O_2) = \begin{cases} \begin{pmatrix} 2^{-1-\text{level}(comF)} - 2^{-1-\text{level}(O_1)} \end{pmatrix} + \\ \begin{pmatrix} 2^{-1-\text{level}(comF)} - 2^{-1-\text{level}(O_2)} \end{pmatrix}, O_1 与 O_2 是不同概念, \\ 0 \qquad\qquad\qquad\qquad , O_1 与 O_2 是相同概念。 \end{cases} \quad (3.4.1.1)$$

其中, $comF$ 是概念层次树中距离 O_1 与 O_2 最近的公共父类, level $(comF)$, level (O_1), level (O_2) 分别表示结点 $comF$, O_1, O_2 在概念层次树中的深度, 令顶层结点 level $(Top)=0$, 顶层以下的逐层递增 1。

由上述语义距离的定义可知, 经过归一化处理过的语义距离满足两个语义最远的概念之间的语义距离无限趋近但不会超过 1。基于语义距离的定义及式 (3.4.1.1), 给出概念间的语义匹配度定义, 如下:

定义 3.4.1.2 (概念的语义匹配度) 概念的语义区配度是指两个概念之间的相似程度, 记为 matchingDegree(O_1,O_2), 概念的语义匹配度定义如式 (3.4.1.2) 所示:

$$\text{matchingDegree}(O_1,O_2) = 1 - \text{dist}(O_1,O_2) \qquad (3.4.1.2)$$

其中, matchingDegree$(O_1,O_2) \in (0,1]$, dist (O_1,O_2) 为两个服务参数概念之间的语义距离。概念匹配度离不开概念间的语义距离, 语义距离的大小决定了两个概念间的相似程度, 两个概念的语义距离越大, 其匹配度越小。定义 3.4.1.2 体现了如下几个特征:

1) 较高层次概念之间的相异程度要大于较低层次概念之间的相异程度;

2) "兄弟" 概念之间的相异程度要大于 "父子" 之间的相异程度;

3) 相同概念之间的语义匹配度为 1;

4) 两个语义最远的概念间的语义匹配度趋近为 0。

概念的语义匹配度的计算方法是基于信息共享量和基于图（树）的方法。因为基于树的方法易于实现、直观和通用，所以本章采用概念树的方式计算概念间的相似度。在概念的语义匹配度（定义3.4.1.2）及二分图理论的基础上，实现Web服务操作的接口参数集之间的最大语义匹配，相应的定义如下：

定义3.4.1.3（二分图的最大匹配） 给定一个二分图 $G=(V,E)$ 和 G 的一个匹配 M，$X \bigcup Y = V(G)$，若 M 包含的边数是 G 的所有匹配中包含的边数中最大的，则 M 为 G 的一个最大匹配，M 中的边数称为最大匹配数。

对于服务操作的接口参数的最大匹配问题，可以看成是二分图的最大匹配，该问题的数学模型为：G 是一个二分图，$G=(V,E)$，顶点集划分为 $X \bigcup Y = V(G)$，$X = \{x_1, x_2, \cdots, x_n\}$，$Y = \{y_1, y_2, \cdots, y_n\}$，当且仅当概念 x_i 与 y_i 的语义匹配度最大时，x_i 与 y_i 均 $\in E(G)$，求 G 中的最大匹配。

比较经典的实现二分图的最大匹配算法有匈牙利算法[106]与Kuhn-Munkres算法。下面给出应用二分图的最大匹配算法实现匹配的例子。

示例1 假定有两个等待匹配的参数集 $X = \{x_1, x_2, x_3\}$ 与 $Y = \{y_1, y_2, y_3, y_4\}$，参数间的语义匹配值如下所示。

$$
\begin{array}{c}
\quad\ y_1 \quad y_2 \quad y_3 \quad y_4 \\
\begin{array}{c} x_1 \\ x_2 \\ x_3 \end{array}
\left[
\begin{array}{cccc}
0.6 & 0.8 & 0.2 & 0.95 \\
0.2 & 1 & 0.2 & 0.4 \\
0.9 & 0.3 & 0.5 & 0.4
\end{array}
\right]
\end{array}
$$

由式（3.4.1.2）计算两个参数集 X 与 Y 中各元素之间的语义匹配度 $matchingDegree(x_i, y_i)$，$(i \in [1,3], j \in [1,4])$，由二分图的最大匹配算法得到的接口参数集的最大匹配为 $\{\langle x_1, y_4 \rangle, \langle x_2, y_2 \rangle, \langle x_3, y_1 \rangle\}$，其

中,各匹配对的语义匹配度分别对应为 0.95,1,0.9。

本研究采用二分图的最大匹配思想计算请求服务与发布服务以及组合服务的操作间的参数集匹配,以实现最大语义匹配度。下面给出相关的概念与定义。

定义 3.4.1.4(请求服务) 一个 Web 请求服务可以简单地描述为 WSR(I,O),其中,WSR 是 Web 请求服务的名字,I 为请求服务的输入集,O 是该请求服务的输出集。

定义 3.4.1.5(请求服务与发布服务在操作输入集上的语义匹配) 该匹配是指请求服务与发布服务的操作 Op_i 在输入参数集上的语义匹配,其值来自下式的计算结果。

$$\text{inputMatching}(in\_req, in\_ad)$$
$$= \left[\left(\sum_{j=1}^{k}\text{matchingDegree}(in\_req[j], in\_ad[j])\right)\bigg/_m + \left(\sum_{j=1}^{k}\text{matchingDegree}(in\_req[j], in\_ad[j])\right)\bigg/_m\right]\bigg/2 \quad (3.4.1.3)$$

其中,req 与 ad 分别表示请求服务和发布服务,in_req,in_ad 分别表示请求服务的输入参数集、发布服务操作 Op_i 的输入参数集;n,m 分别表示 in_req 与 in_ad 中参数个数;k 表示 in_req 与 in_ad 在执行二分图的最大匹配后的匹配集大小,$\sum_{j=1}^{k}\text{matchingDegree}$($in\_req[j], in\_ad[j]$) 表示执行二分图的最大匹配集的语义匹配度。为防止 in_req 和 in_ad 中参数个数的不一致性所导致的语义偏差,所以对该匹配结果分别除以参数的个数,并取两者的算术平均值作为 inputMatching(in_req, in_ad) 的平均语义匹配值。

基于示例 1,假定 $X = \{x_1, x_2, x_3\}$ 是请求服务的输入参数集

in_req，$Y=\{y_1,y_2,y_3,y_4\}$ 为发布服务的操作 Op_i 上的输入参数集 in_ad，由 X 的元素个数可知 $n=3$ 及 Y 的元素的个数可知 $m=4$，通过二分图的最大匹配可获得的最大匹配数是 3（即 $k=3$），则基于式（3.4.1.3），请求服务 req 与发布服务 ad 的操作 Op_i 在输入参数集上的语义匹配度值为：

$$\text{inputMatching}(in\_req, in\_ad)$$

$$= \left[\left(\sum_{j=1}^{3}\text{matchingDegree}(in\_req[j], in\_ad[j])\right)\Big/ 3 + \left(\sum_{j=1}^{k}\text{matchingDegree}(in\_req[j], in\_ad[j])\right)\Big/ 4\right]\Big/ 2$$

$$= \big((0.95+1+0.9)\big/3 + (0.95+1+0.9)\big/4\big)\big/2$$

$$= 0.83125$$

如果用户认为这样的匹配度可以接受，则表示请求服务与发布服务在操作输入集上的语义匹配成功。

定义 3.4.1.6（请求服务与发布服务在操作输出集上的语义匹配） 该匹配是指请求服务与发布服务的操作 Op_i 在输出参数集上的语义匹配，其值 outputMatching(out_req, out_ad) 的计算与式（3.4.1.3）类似。

基于定义 3.4.1.5 与定义 3.4.1.6，请求服务与发布服务语义匹配定义如下：

定义 3.4.1.7（请求服务与发布服务语义匹配） 该匹配是指请求服务与发布服务的操作 Op_i 上的语义匹配，包括请求服务与发布服务在操作输入集/输出集上的语义匹配，其值来自下面所示的式（3.4.1.4）。

$$\text{sim}(req, ad)$$

$$= \bigl(W_i * \text{inputMaching}(in\_req, in\_ad)\bigr) + \qquad (3.4.1.4)$$

$$\bigl(W_o * \text{outputMaching}(out\_req, out\_ad)\bigr) \Big/ (W_i + W_o)$$

其中，$\text{sim}(req, ad)$ 表示请求服务 req 与发布服务 ad 的操作 Op_i 上的语义匹配度，W_i，W_o 分别表示输入、输出语义匹配的权重，且 $W_i + W_o = 1$。如果用户认为由式（3.4.1.4）计算得到的 $\text{sim}(req, ad)$ 值可以接受，则表示请求服务与发布服务语义匹配成功。

下面给出服务语义关联及服务组合的形式化定义，分别如下：

定义 3.4.1.8（服务语义关联） 对于两个服务 ws_i 和 ws_j，out_ws_i 表示 ws_i 的一个输出参数，in_ws_j 表示 ws_j 的一个输入参数，若存在 out_ws_i 是 in_ws_j 的直接或间接子类关系或是同一个概念，称为服务语义关联[107]，记作 $out\_ws_i \leqslant in\_ws_j$，并称 ws_i 为前趋服务，ws_j 为后继服务；如果这两个参数在领域本体是同一个概念，记作 $out\_ws_i = in\_ws_j$。

基于服务语义关联，服务组合的形式化定义如下：

定义 3.4.1.9（服务组合） 一个服务组合是指能够满足用户服务目标的一个偏序服务序列 $(ws_1, ws_2, \cdots, ws_n)$，在服务语义关联（定义 3.4.1.8）的基础上，要求满足：

1）$in\_req \leqslant in\_ws_i$；

2）$out\_ws_n \leqslant out\_req$；

3）$out\_ws_1 \leqslant in\_ws_2$，$out\_ws_2 \leqslant in\_ws_3$，$\cdots$，$out\_ws_{n-1} \leqslant in\_ws_n$（表示服务组合序列中任意两个相邻的服务有语义关联，序列满足偏序关系）。其中，$in\_req = \{I_1, I_2, \cdots, I_3\}$ 表示请求服务的操作 rp 的输入参数集，$out\_req = \{O_1, O_2, \cdots, O_3\}$ 表示请求服务的操作 rp 的输

出参数集;同理,out_ws_{n-1} 与 in_ws_N 分别表示发布服务 ws_{n-1} 的操作 sp_{n-1} 的输出参数集及 ws_n 的操作 sp_n 的输入参数集。为提高服务组合的正确性及降低复杂性,要求满足:

1)$|in\_req| \geqslant |in\_ws_1|$:从参数的个数上满足 in_ws_1,提高服务 ws_1 能与请求服务匹配的可能性。

2)$|in\_req \bigcup out\_ws_1 \bigcup \cdots \bigcup out\_ws_{i-1}| \geqslant |in\_ws_i|(1 < i \leqslant n)$:从参数的个数上满足 in_ws_i,提高服务 ws_i 能与 ws_{i-1} 匹配的可能性。

3)$|in\_req \bigcup out\_ws_1 \bigcup \cdots \bigcup out\_ws_{n-1} \bigcup out\_ws_n| \geqslant |out\_req|$:从参数的个数上满足 out_req,提高请求服务的输出被满足的可能性。

基于定义 3.4.1.9 的一个服务组合片段如图 3.4.1 所示,该图演示了服务操作间的参数匹配情况(实线箭头表示匹配上)。

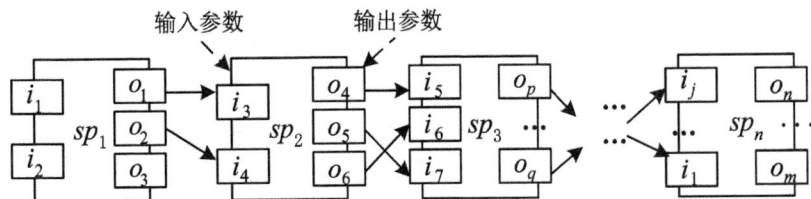

图 3.4.1 服务组合片段

图 3.4.1 中,sp_k 表示服务 ws_k 的操作,$k \in [1,n]$。从图 3.4.1 可知,当不存在或没有匹配到满足需求的独立发布服务时,则需要选择服务的操作参数(指输入、输出参数)之间有语义匹配的服务(简称IO语义匹配),以实现服务组合。

基于二分图的最大匹配定义(定义 3.4.1.3)及服务组合的形式化定义(定义 3.4.1.9),给出 IO 语义匹配(IOMaching)的算法实现,其基本过程如下。

(1)IOMatching 的算法过程

算法的输入：操作 Op_1 的输出参数集（ out_pre ）与操作 Op_2 的输入参数集（ in_sub ）；算法的输出：Op_1 与 Op_2 的 IO 语义匹配度。

其中，Op_1 与 Op_2 分别来自前趋服务（pre）和后继服务（sub）。算法具体步骤如下：

1）若 out_pre 或 in_sub 中参数个数为 0，则退出该算法；否则执行步骤2）；

2）根据二分图定义，令 out_pre 与 in_sub 的二分图的最大匹配结果为集合 set，set 中匹配对的个数为 k（即 out_pre 与 in_sub 中有 k 个匹配对）；

3）根据服务组合的形式化定义（定义 3.4.1.9），若满足 $|in\_req \bigcup out\_ws_1 \bigcup \cdots \bigcup out\_ws_i \bigcup \cdots \bigcup out\_pre| \geqslant |in\_sub|(1 < i < n)$ ，则对 set 中的每一个匹配对 $matcher_i$ 进行判断：

● 若 set 中每个匹配对 $matcher_i$ 都满足 $(out\_pre[i] \leqslant in\_sub[i])$，则令 $flag=true$，表示前趋集合和后继集合可以 IO 语义匹配；否则 $flag=false$；

● 如果 $flag$ 为真，则计算 IO 语义匹配度：即计算

IOMatching (out_pre, in_sub) 的值（见算法伪代码中步骤 16）；否则退出该算法；

4）返回包括 IO 语义匹配值及相关信息的变量 $arrayList$。

(2)IOMaching 的算法伪代码

Algorithm IOMaching
输入：out_pre , in_sub

输出 : *arrayList***begin**

1. **if**(*out_pre.size* = 0‖*in_sub.size* = 0)

2. **then return** null;

3. **else**

4. 根据二分图定义,令 *out_pre* 与 *in_sub* 二分图的最大匹配结果为集合 *set*,*set* 中匹配对的个数为 *k*,即表示 *out_pre* 与 *in_sub* 中有 *k* 个匹配对< *out_pre*[*i*], *in_sub*[*i*]>,且 $i \in [1,k]$;

5.   **if**($\left| in\_req \bigcup out\_ws_1 \bigcup \cdots \bigcup out\_ws_i \bigcup \cdots \bigcup out\_pre \right| \geqslant \left| in\_sub \right|$)

6.   **for each** *matcher_i* in *set*

7.   **if** ($out\_pre[i] \leqslant in\_svb[i]$)

8.   **then** *flag*=true;

9.   **else**

10.   *flag*=false;

11.   break;

12.   **endIf**

13.   **endFor**

14.   **if** (*flag*)

15.   **then**

16.   IOMathing = $\left[\left(\sum_{j=1}^{k} \text{matchingDegree}\left(out\_pre[j], in\_sub[j]\right) \right) \Big/ n + \left(\sum_{j=1}^{k} \text{matchingDegree}\left(in\_pre[j], in\_sub[j]\right) \right) \Big/ m \right] \Big/ 2$;

17.   将 IOMathing,*pre*,*sub* 封装在 *arrayList* 中;

18.   **endIf**

      endIf

19. **endIf**

20. **return** *arrayList*;

end

在二分图的最大匹配基础上,IOMaching 算法计算服务接口参数 *out_pre* 与 *in_sub* 的语义匹配度(体现在算法伪代码的步骤 4 与步骤 6),但在计算之前,先进行匹配过滤(体现在算法伪代码的步骤 5),要求从参数的个数上使得 *in_sub* 尽量被满足,以提高后继服务 *sub* 被匹配上的可能性,进而提高服务匹配的正确性及减少组合复杂度。

IOMatching 算法中,假定 *out_pre* 有 N 个输出参数,*in_sub* 有 M 个输入参数,$n=N+M$,由文献[106]可知,计算二分图的最大匹配的时间复杂度为 $O(Nn^2)$,其中,利用二分图的最大匹配结果对 IOMacthing 进行分析处理的时间复杂度为 $O(k)$,其中 k 为二分图的最大匹配结果集的大小。因此,该算法总的时间复杂度为 $O(Nn^2 + k)$。

3.4.2 Web 服务混合选择框架

服务选择离不开相应的服务描述和服务匹配,为匹配并选择满足需求的服务,本研究在基于领域本体的基础上,提出的服务语义匹配包括三个方面内容:

(1)请求服务与发布服务输入参数的语义匹配;

(2)请求服务与发布服务输出参数的语义匹配;

(3)前趋服务的输出参数与后继服务的输入参数的语义匹配。

在服务语义匹配的基础上,采用基于语义匹配的服务混合选择策略选择与需求相匹配的单个服务或组合服务中的候选服务;在语义匹配选择的过程中,当存在相同功能的候选服务时,根据服务的 QoS 选择最优服务[108]。

基于上述分析,提出基于语义匹配的服务混合选择框架,如图 3.4.2 所示。

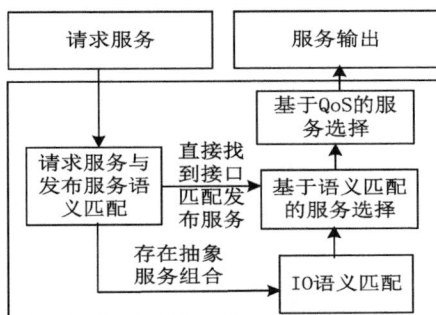

图 3.4.2　基于语义匹配的服务混合选择框架

该框架中,请求服务的含义见定义 3.4.1.4,其余的主要模块分析如下:

1)请求服务与发布服务语义匹配:见定义 3.4.1.7,此模块主要用于发现是否有独立的服务以满足请求服务的需求;

2)基于语义匹配的服务选择:当存在单独的发布服务时,基于语义匹配结果,选择最优语义匹配服务;当没有找到满足需求的独立服务时,基于语义匹配结果,选择IO接口之间有服务语义关联的最优语义匹配服务;

3)IO语义匹配:如果不存在或没有匹配到满足请求服务的独立服务时,则需要在发布服务中寻找接口之间有语义连接的服务,即寻找前趋服务的输出与后继服务的输入之间存在语义连接的服务;

4)基于 QoS 的服务选择:当具有相同接口功能的服务数量比较多时,需要利用服务的 QoS 指标来对服务加以选择。

3.4.3　Web 服务混合选择策略

本章采取基于语义匹配度和 QoS 指标的服务选择策略的综

合评价策略,在选择的过程中兼顾服务语义匹配度和 QoS 值,通过对两者的综合考虑而得到最佳服务。Web 服务的综合选择根据语义匹配度和基于 QoS 指标值及权值来决定。

(1)基于语义匹配的服务选择策略

基于服务语义匹配的服务混合选择面临着两种情况,一是经过请求服务与发布服务的接口匹配,匹配到独立服务。其基于语义匹配的选择策略涉及两个方面:1)请求服务与发布服务在输入参数上的语义匹配;2)请求服务与发布服务在输出参数上的语义匹配。二是当没有独立的服务满足需求时,需要服务组合。当选择参与服务组合的服务时,本章基于语义匹配的选择策略涉及三方面内容:1)请求服务与发布服务在输入参数上的语义匹配;2)请求服务与发布服务在输出参数上的语义匹配;3)前趋服务的输出参数与后继服务的输入参数的语义匹配。这三类匹配的表示及含义分别如表 3.4.1 所示。

表 3.4.1　三类匹配的表示及含义

函数	功能	参数1	参数2
inputMatching (in_req,in_ad_1)	请求服务 req 的输入集与发布服务 ad_1 的某操作的输入集语义匹配	in_req:请求服务的输入参数集	in_ad_1:与请求服务的输入有语义关联的发布服务 ad_1 的某操作的输入参数集
outputMatching (out_req,out_ad_n)	请求服务 req 的输出集与发布服务 ad_n 的某操作的输出集语义匹配	out_req:请求服务的输出参数集	out_ad_n:与请求服务的输出有语义关联的发布服务 ad_n 的某操作的输出参数集
IOMatching (out_ad_i,in_ad_{i+1})	前趋服务与后继服务操作接口参数语义匹配	out_ad_i:第 i 个发布服务某操作的输出参数集	in_ad_{i+1}:第 $i+1$ 个发布服务某操作的输入参数集

（2） 基于QoS的服务选择策略

文献[3]认为,服务的QoS属性值能判断服务提供者所提供的服务是否满足客户需求的重要指标,对于Web服务的正常运行和有效复用是非常重要的,该因素在服务组合中的重要意义是：

1）需要根据用户的QoS要求指导组合服务的构造过程；

2）需要根据用户的QoS要求选择合适的Web服务；

3）在组合服务的执行过程中,需要监控组合服务的执行,以预测该组合服务是否能够满足客户的非功能需求；

4）根据QoS来评价组合服务的各种可选方案。

QoS是对Web服务满足服务请求者需求能力的一种度量。QoS属性包括多个方面,如响应时间、可靠性、服务价格、可用性、安全性等,这些属性分别从不同的角度对服务质量进行了评估。国际标准化组织ISO8402和ITUE.800认为,QoS由一些非功能属性组成,包括服务价格（Cost）、执行时间（Time）、服务可用性（Availability）和执行的可靠性（Reliability）。本章综合考虑这几种QoS指标,主要采用国际标准化组织的所给的指标QoS（包含Cost,Time,Availability, Reliability）,各指标的含义如下：

1）服务价格（Cost）：Web服务每次完成所请求的任务所需要花费的代价。

2）响应时间（Time）：服务请求者和服务提供者之间递送服务所花的时间,包括服务时间和来回通信所花的时间。

3）可用性（Availability）：Web服务在某个时期内可用的概率。

4）可靠性（Reliability）：Web服务成功执行的概率。

定义 3.4.3.1（效益型 QoS） 效益型 QoS 是指参数对于服务评

价产生正面影响,其值越大则服务的 QoS 评价越高。

本章及后面章节中的效益型 QoS 包括服务的可用性、可靠性等。

定义 3.4.3.2(成本型 QoS) 成本型 QoS 是指参数对于服务评价产生负面影响,其值越大则服务的 QoS 评价越低。

本章及后面章节中的成本型 QoS 包括服务的执行时间、代价等。

QoS 属性对动态选择满足用户需求的服务至关重要,QoS 本体指定了独立于领域的质量概念。E.M.Maximilien 和 M.P.Singh 给出了 QoS 属性的本体表示,部分表示如图 3.4.3 所示。图中,箭头表示子类关系(subClassOf),类 Availability,Reliability 均是类 Quality 的子类,而 Cost 与 Time 分别是类 Economic,Performance 的子类。

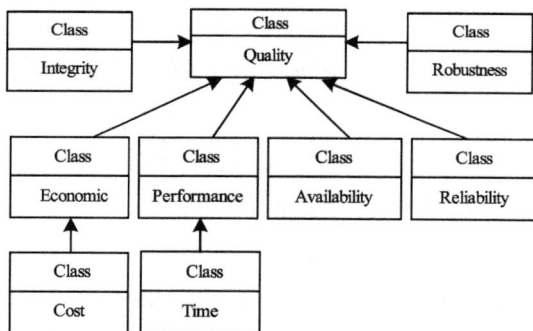

图 3.4.3　部分 QoS 属性本体表示

本章根据 QoS 是属于效益型或成本型进行归类,给出两类 QoS 值: M_{Q1} 和 M_{Q2} ,其中前者属于成本型 QoS,后者属于效益型 QoS。 M_{Q1} 和 M_{Q2} 的计算公式如下:

$$M_{Q1} = \frac{\sum_{k=0}^{1} Q_k W_k}{\sum_{k=0}^{1} W_k} \quad , \quad M_{Q2} = \frac{\sum_{k=2}^{3} Q_k W_k}{\sum_{k=2}^{3} W_k} \quad (3.4.3.1)$$

其中，M_{Q1} 和 M_{Q2} 是两类 QoS 匹配值，M_{Q1} 为服务价格和执行时间之和，M_{Q2} 为服务可用性和可靠性之和；Q_k 是第 k 个指标的 QoS 匹配值；W_k 是第 k 个指标的 QoS 权重。k 的含义解释如下：

k=0 表示服务价格；

k=1 表示服务执行时间；

k=2 表示服务的可用性；

k=3 表示服务的可靠性。

不同的 QoS 属性导致了不同的计算方法，由于 QoS 属性值可能会相差几个数量级，例如服务的执行时间和服务的可用性，并且不同服务的 QoS 属性值也可能相差几个数量级，这样会影响函数的公平性，因此需要对不同类别的 QoS 区别对待，并针对不同类别的 QoS 进行不同的标准化处理。按 QoS 进行服务选择的依据是：选择服务的 QoS 成本型参数值最小及效益型参数值最大的服务是最佳候选服务；当不存在 QoS 值同时满足 M_{Q1} 值最小及 M_{Q2} 值最大的服务时，则选择具有最大 M_{Q2} 值的服务，此时只考虑 M_{Q2} 值的原因是 M_{Q2} 的重要性比 M_{Q1} 高[108]，可见 M_{Q2} 值的大小决定了候选服务性能的优越性及服务的重要性。当存在功能相同的服务需要选择时，将基于 M_{Q1} 和 M_{Q2} 的值对 Web 服务中功能相似的服务进行选择，实现 QoS 局部最优。

(3)基于语义匹配的服务混合选择策略

Web 服务组合组件由服务和控制结构两部分组成，控制结构如顺序、并行、选择、循环等，形式化描述为[109]：

$$S ::= \langle X \rangle | \langle S_1 \bigcirc S_2 \rangle | \langle S_1 \oplus S_2 \rangle | \langle S_1 \diamond S_2 \rangle | \langle \mu S \rangle | \langle S_1 \|_c S_2 \rangle$$

其中，相关符号含义如下：

1）X 表示一个原子服务；

2）$S_1 \odot S_2$ 表示一个组合服务是顺序执行 S_1 和 S_2 后形成的；

3）$S_1 \oplus S_2$ 表示一个组合服务是执行 S_1 或 S_2 后形成的（不可兼或）；

4）$S_1 \Diamond S_2$ 表示一个组合服务是按 S_1 和 S_2 顺序执行或按 S_2 和 S_1 顺序执行后形成的，等价于 $S_1 \odot S_2 \oplus S_2 \odot S_1$；

5）μS 表示一个组合服务是由 S 循环执行 μ 次后形成的；

6）$S_1 \|_c S_2$ 表示一个组合服务是由 S_1 和 S_2 并发执行后形成的，在并发执行中间两个服务之间可能会有通信。

定义 3.4.3.3（控制结构的可组合性） 控制结构的可组合性是指上述各基本控制结构有限次地组合后的服务仍然是系统中的服务。

结合语义匹配和 QoS 指标，选择满足需求的独立服务的混合选择算法，该算法流程如图 3.4.4 所示。

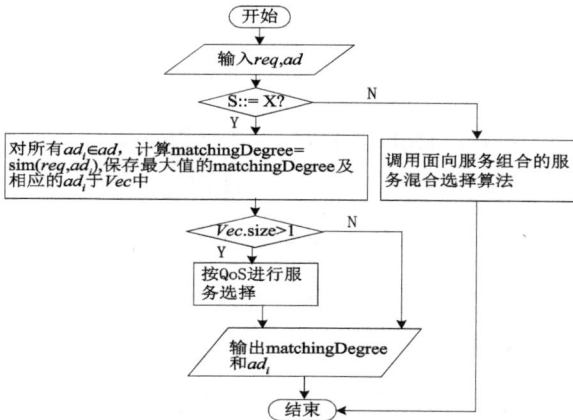

图 3.4.4　面向独立服务的混合选择算法流程图

关于图 3.4.4 的相关解释如下：

1）*req*是请求服务；

2）*ad*是已发布服务集合；

3）*X*表示一个原子服务，如果 $S::=X$ 的条件不满足，则表示 *S* 是组合服务；

4）sim 是计算该独立服务的语义匹配度，其值来自式（3.4.1.4）；

Vec 是用于存储服务匹配值及服务信息的变量。

本章按 QoS 进行服务选择的标准见第3.4.3的第（2）部分。当不存在或没有匹配到满足需求的独立发布服务时，则需要选择满足 IO 语义匹配的服务，以实现服务组合。面向组合服务的服务混合选择算法流程图如图3.4.5所示。

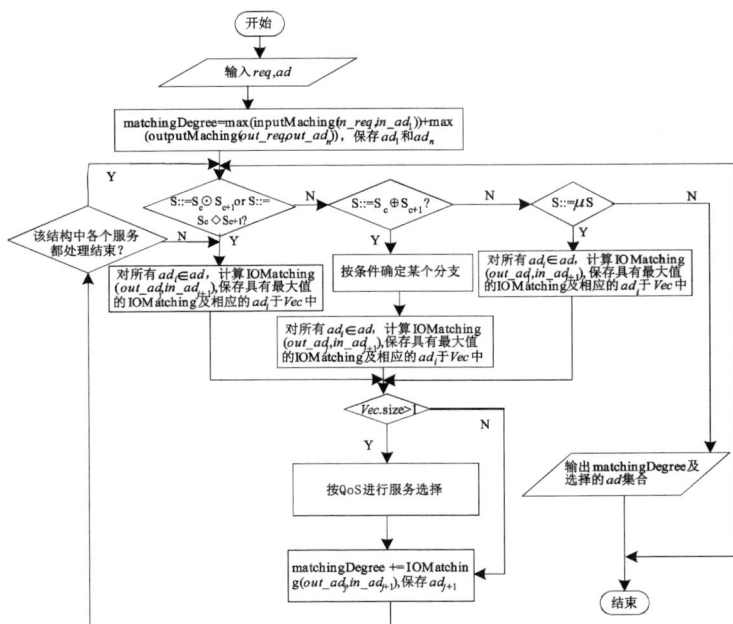

图3.4.5　面向服务组合的服务混合选择算法流程图

图 3.4.5 中，req 是请求服务，ad 是发布服务集合，inputMatching，outputMatching 及 IOMatching 函数的含义见表 3.4.1。该算法流程图主要考虑了顺序、无序执行、选择、循环四种控制结构，其中顺序和无序执行被合并考虑。从算法可以看出 QoS 与语义匹配二者之间的综合影响：IOMatching 进行服务接口间的 IO 语义匹配，所获得的语义匹配值最大的候选服务数量可能很多，当满足 $Vec.size>1$，表明参加服务组合的具有最佳语义匹配度的候选服务为多个，需要根据服务的 QoS 值进行最优服务的选择。算法通过对语义匹配度值和 QoS 值的综合考虑，可减少候选服务的数目并提高服务选择的精度。

§3.5　仿真实验

对算法进行仿真实验之前，构建一个领域本体树（包含 400 个测试本体）及服务测试集，主要利用本体树中的概念层次体系进行语义匹配度的计算。服务测试集中包含 400 个服务，其中，服务名、服务描述、服务操作及语义标签均是构造生成，并随机生成服务的各 QoS 值。

为了验证算法及策略，采用如下实验环境：硬件环境：CPU 为 Pentium（R）4，2.8GHz，内存 512M，操作系统为 WindowsXP。在 J2SDK1.5，Jbuilder9 及 Tomcat 5.5 软件等环境下，采用 Java 语言实现本章中提出的服务混合选择策略。

我们使用服务选择的查准率和查全率作为选择效果的指标，以验证服务选择的性能。定义 C 为确定的正确选择结果，M 为选择算法返回的选择结果，令 $I=C \bigcap M$，即 I 是基于选择算法得到的正

确的选择结果。基于这些前提,查准率、查全率的定义如下:

1)查准率 $Precision=\dfrac{|I|}{|M|}$:反映了某次选择中选择的服务多少是相关的;

2)查全率 $Recall=\dfrac{|I|}{|C|}$:反映了某次选择中实际存在的服务在多大程度上被检索出来。

针对候选服务数分别为 10,15,20,25,30,35,40 的服务组合流程进行仿真,每个候选服务拥有4个 QoS 指标值。将本章中提出的基于语义匹配的混合选择方法(Hybrid Service Selection Method,简称为 HYSSM)与基于句法匹配的服务选择(Syntax-based Service Selection Method,简称为 SYSSM)及 Seog-Chan Oh 提出的基于语义匹配的服务选择方法[103](Semantic-based Service Selection Method,简称为 SESSM)相比较,分别从查准率、查全率及时间性能上进行分析,如下。

实验1　服务选择查准率比较

将 SYSSM 及 SESSM 方法与本章中提出的 HYSSM 方法分别运行 10 次,平均查准率的对比结果如图 3.5.1 所示。

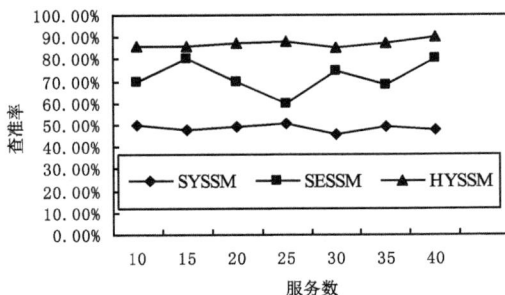

图 3.5.1　三种方法的服务选择查准率比较

图 3.5.1 中,横坐标表示服务数,纵坐标表示服务选择的查准率。实验结果表明:SYSSM 没有考虑到服务的语义,具有很大的局限性,其性能比其他两种方法差,这与该方法只进行数据匹配及关键词匹配有关。Seog-Chan Oh 提出的 SESSM 方法的性能随着测试集波动较大,这与其只涉及服务的功能而没有涉及到服务的 QoS 约束有关,因为服务的 QoS 指标决定了服务的重要程度,即便是语义匹配的结果比基于句法的匹配选择要好,但缺乏QoS 支持,其性能波动较大。本章提出的 HYSSM 混合选择方法在各个测试集合里面一直保持较好的性能,在 QoS 指标的支持下找到满足语义需要的服务,较好地满足了用户的需求。

实验 2 服务选择查全率比较

将三种方法分别运行 10 次,平均查全率的对比结果如图3.5.2 所示。

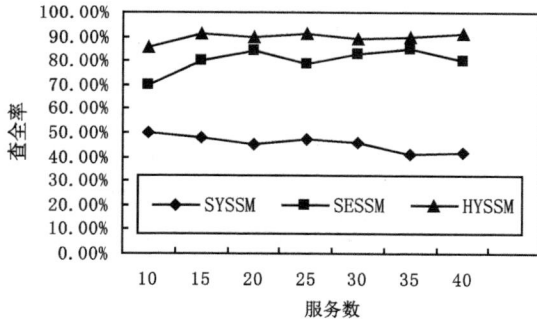

图 3.5.2 三种方法的服务选择查全率比较

图中横坐标表示服务数,纵坐标表示服务选择查全率。SYSSM 方法的服务匹配选择由于没有语义支持,存在漏配,其服务选择的查全率不高;Seog-Chan Oh 提出的服务选择方法虽采用了语义匹配机制,在服务选择的查全率上要比前者好,但是在实现面向服务组合的服务选择时,服务选择效果不佳。本章提出的 HYSSM 方法由于考虑到接口匹配及接口匹配的可用性,在面向服务组合时,查全率相对于前两者都有所提高。

实验3　时间性能分析

比较 HYSSM 与 SYSSM 及 SESSM 三种方法的时间性能,如图 3.5.3 所示。

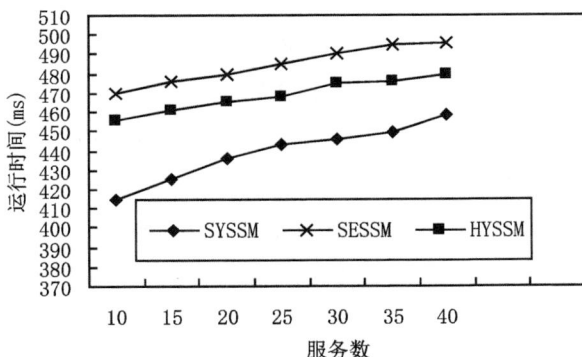

图 3.5.3　三种方法的时间性能比较

图 3.5.3 中,横坐标表示服务数,纵坐标表示运行时间,以毫秒(ms)为单位。SYSSM 因为不需要语义匹配处理,所以时间响应快,SESSM 与 HYSSM 在响应时间上由于算法上的语义匹配处理,比 SYSSM 基于句法匹配响应时间要稍长一点。HYSSM 由于基于二分图的语义匹配以及在服务匹配时进行匹配过滤(见 IOMaching 算法的步骤 5,6),因此节省了服务匹配时间,从实验结果可知,与 SESSM 相比,具有较好的服务时间性能。

从查准率、查全率及时间性能上综述考虑,本章提出的 HYS-SM 方法使得服务的查准率、查全率有所提高,时间性能也具有较好的效果。一方面,该方法考虑到接口匹配及接口匹配的可用性,可减少计算时间及提高服务选择的准确性;另一方面,在本体的语义表达部分引入了等价关系和子类关系,使得在接口匹配中可达成相关的本体匹配,增大了潜在匹配服务的范围及可用性。

§3.6 本章小结

服务匹配与选择是实现服务复用、共享的重要前提,是服务组合的一个重要研究领域。本章给出了语义匹配的相关概念及定义,提出了计算 IO 语义匹配度的算法,该算法通过扩充服务匹配可用性,提高了服务匹配的性能,使得服务组合更加容易实现。在语义匹配及选择框架的支持下,提出了基于语义匹配和服务 QoS 的服务混合选择策略,为满足用户应用需求,结合服务匹配与 QoS 约束,给出了为满足需求的独立服务以及服务组合选择局部最优服务的算法流程。

本章所提出的 Web 服务混合选择策略研究了服务语义匹配及 QoS 约束的最优服务选择问题,实验分析表明该混合选择策略能针对不同的服务需求做出相应的处理,可提高服务选择的自动性和灵活性,增加服务选择的正确性及提高服务组合效率,为产生增值效果的动态服务组合奠定了良好的基础。

第四章　QoS 全局感知的 Web 服务组合

§4.1　引言

由于对抽象服务组合流程的需求不同,需要针对不同情况采用相应的服务选择方法,本章提出一种 QoS 全局感知的 Web 服务组合方法,与本研究第三章的类似之处在于:两者均在 Web 服务匹配的候选服务集中选择最优服务。但与第三章的不同之处在于:第三章体现的是一种局部最优服务选择策略,所提出的 Web 服务混合选择策略主要研究服务语义匹配及 QoS 约束局部最优服务选择的问题,但是局部最优并不能导致全局最优[2],因此,当对服务组合有全局语义满足及 QoS 约束要求时,有必要在全局范围里选择满足整个服务组合流程的 QoS 约束和语义匹配度要求的具体服务集,并实现服务组合的优化解。可见,本章与第三章是互补的,接下来将讨论 QoS 全局感知的 Web 服务组合,以满足不同的应用需求。

由以上分析可知,服务组合需要一个 QoS 全局感知的组合机制,所体现的是一种全局约束。全局约束指定了流程层的需求,即决定一个服务集,一旦实现服务组合,不仅要执行需要的功能,而且要达到需求的 QoS 水准。该工作所基于的假设是:在抽象服务组合流程中,每个抽象服务节点有多个可选的具体候选服务,这些候选服务具有相似的功能,但具有不同的 QoS 值。该假设产生了如何为每个抽象服务节点选择服务的优化问题,以使得整个服务组合流程的 QoS 和语义匹配度都能满足用户的要求。决定最优的组合服务是一个优化问题,针对该优化问题,可以采用不同的方法,如:Integer Programming[110-112]、遗传算法[113-116]、Constraint Programming[117]等。这些方法各有其优点,但在如何有效地处理服务组合爆炸问题时,遗传算法的并行处理能力使其具有相对的优势,而且该方法非常适合于抽象服务所拥有的具体候选服务数量很多的场合。

本章基于最优化理论及遗传算法获取抽象服务组合流程的优化解,提出在全局范围内选择服务的优化方法,旨在全局范围产生既能满足用户的 QoS 要求,又能满足整个流程的语义匹配度要求的服务组合方案。本章对服务组合流程进行 QoS 建模及语义匹配度建模,并基于建模结果提出了一种实现算法 GE_AL,研究了组合流程的全局语义匹配和 QoS 约束满足问题。算法分析及仿真实验表明了本章提出的算法其可行性和有效性。

§4.2　问题描述

本章需要研究的问题是:QoS 全局感知的服务组合问题,即如何设计面向 QoS 全局感知的服务选择方法,使之能满足组合服务的全局感知要求。

在实现全局感知的过程中,抽象服务组合流程中的抽象服务节点可能存在多个候选服务,这些候选服务由不同的参与者提供,依照业务流程,需要针对这些服务的 QoS 属性为整个流程选择最恰当的服务,为最终生成可执行的组合服务做铺垫;另外,需要考虑各候选服务的语义匹配度,并要从全局组合效果上考虑组合的语义匹配度和QoS值是否满足用户的需求。假定已为抽象服务获取了具有相似功能的匹配服务候选集SS,当存在相似的服务功能时,需要按服务组合的全局语义匹配及QoS约束来选择最佳服务。图4.2.1给出了全局感知的服务组合宏观过程。

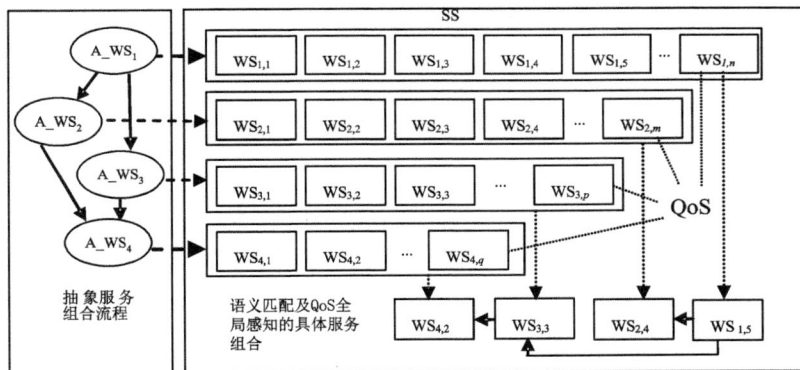

图4.2.1　全局感知的服务组合宏观过程

图4.2.1体现了由"抽象服务 → 候选服务 → QoS选择 → 具体服务"的过程,满足全局约束的抽象服务组合具体化表示为:
$\{<A\_WS_1,WS_{1,5}>,<A\_WS_2,WS_{2,4}>,<A\_WS_3,WS_{3,3}>,<A\_WS_4,WS_{4,2}>\}$。

从大量功能等价的候选服务中搜索满足全局约束的组合方案是实现组合服务的重要基本机制。寻求全局约束时,涉及组合模型中的多个抽象服务和每个抽象服务的候选服务集。假设服务组合流程中有n个抽象服务,且每个抽象服务又有m个候选Web服务,那么最后在运行时所有的可能情况就有m^n种。如果穷举所有可能的组合方案,从中选出最适合用户的,即使对规模比较小的n和m,穷举法的计算量也大得惊人。

由文献[118]可知,该全局约束满足的解是一个NP-Hard问题。因此,QoS 全局感知的服务组合所要解决的问题是:如何解决服务组合中的 NP-Hard 问题? 如何使得服务组合的 QoS 约束和语义匹配度均满足用户的需求?

　　针对上述问题,本章兼顾服务的语义匹配,应用最优化理论及遗传算法来解决 QoS 全局感知的 Web 服务组合问题。算法分析及实验结果表明,该方法是有效的。

§4.3　相关研究

　　在 QoS 全局感知的服务组合方面,Zeng 等人[110]给出了基于 QoS 建模及 QoS 感知的服务组合方面的研究结果,提出局部优化和全局优化算法,全局规划时将服务组合流程的各个 QoS 参数线性加权转化为一个单目标函数,利用线性整数规划方法来计算最优组合。文献[119]提出了一种支持领域特性的 Web 服务优化组合方法,其核心是面向 Web 服务应用,按照用户确定的功能和 QoS 需求,基于现有领域模型和 Web 服务 QoS 属性,将特定领域的优化组合转化为混合整数线性规划问题加以解决。文献[114,120,121]均指出,基于线性整数规划的方法在实时场景中太过于消耗时间,因此,文献[110,119]的方法都面临着服务优化组合的 NP-Hard 问题。Canfora 等人[114]提出用遗传算法来解决服务组合问题,研究结果表明,当候选服务和抽象服务增加时,相对于线性整数规划方法,遗传算法可以具有更好的性能和扩展性。文献[115]提出一种基于多目标遗传算法的全局最优服务动态选择方法,通过同时优化多个目标函数,如将时间和代价作为目标函数,将声誉和可靠性作为约束条件,该方法采用的多目标之间往往存在相互冲突性，导致多目标服务组合优化模型最后的结果不是单一解，而是在多个目标之间取相对最优解。文献[98,116]采用关系矩阵编码遗传算法的全局优化解决方案，以克服一维编码的局限性，可以通过简单的方法来组合规划。该方法同样是将各个QoS参数线性加权转化为一个单目标函数。以上文献都没有将服务组合的语义匹配纳入研究范围，没有从语义匹配的角度考虑服务组合的可用性。文献[122]提出了一种结合神经网络和遗传算法的QoS驱动的动态服务选择方法。考虑到QoS属性和服务的接口参数语义匹配度，该文指出在全局匹配时需要考虑服务参数的接口语义匹配及QoS参数，否则将导致任意两个服务都可能被组合在一起。但是，该文将服务的QoS约束和服务的语义匹配度同等对待，没有考虑到一个服务组合首先要考虑的要素是服务的语义匹配度，获得的组合服务不能很好地满足功能要求。因此，本文对组合优化方法进行改进，采用多QoS约束的遗传算法以达到全局优化目的，在设计组合服务的优化目标时，同时兼顾QoS约束和语义匹配度的满足问题。

§4.4　QoS全局感知的服务组合建模及算法

本章给出Web服务组合的QoS模型，着重于多QoS约束及组合服务的语义匹配度，将全局优化组合问题转化为一个带有多约束条件的目标优化问题，针对该问题构造了遗传算法的两种不同的目标函数，以获取全局优化解。本章工作的前提是：组合服务的结构已经给定且各具体服务具有相同的优先级。

4.4.1　基本概念与定义

QoS 全局感知的服务组合需要事先确定服务组合流程的执行路径,服务组合流程的执行路径如下:

定义 4.4.1.1(执行路径)　执行路径 P 是有序的抽象服务 $\{A_1, A_2, \cdots, A_n\}$ 序列,A_1 与 A_n 分别是起始抽象服务和终止抽象服务[87,110]。其中,对于任何抽象服务 A_i,满足如下条件:

1)A_i 是集合 $\{A_1, \cdots, A_{i-1}\}$ 的某个抽象服务的直接后继服务;

2)A_i 不是集合 $\{A_{i-1}, \cdots, A_n\}$ 的任何一个抽象服务的直接后继服务;

3)A_i 不属于可选路径;

4)对于存在循环结构的,将有环结构变成无环结构,且该循环只有一个入口和一个出口。

给定组合服务的抽象服务集合为 $\{A_1, A_2, \cdots, A_n\}$,抽象服务 A_i 的候选具体服务集合为 $S_i(i=1, \cdots, n)$,服务组合的多约束服务选择的定义如下:

定义 4.4.1.2(多约束服务选择)　多约束服务选择是指从候选具体服务集合 S_i 中寻找抽象服务组合的组合方案,$P=\langle A_1, s_1 \rangle \langle A_2, s_2 \rangle, \cdots, \langle A_n, s_n \rangle$,使得关于该方案的组合服务质量 $Q(P)$ 满足给定的多种约束。其中,A_i 是某个抽象服务,具体服务 $s_i \in S_i$,s_i 提供了对抽象服务 A_i 的具体实现。

4.4.2　组合流程的 QoS 建模

本部分讨论对抽象服务组合流程的 QoS 建模(本章将服务语义匹配也当作一种 QoS 属性加以考虑),以获取执行路径所对应的 QoS 值,该 QoS 值将用于获取优化解时生成目标函数及多约束表达式。

本章主要给出服务组合流程的四种控制结构[123]:顺序、选择、并行和循环,如图4.4.1所示。

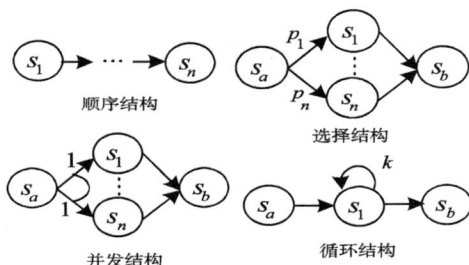

图4.4.1　服务组合流程的四种控制结构

图中,选择结构中的 p_i 表示分支被选中的概率为 p_i 且 $\sum_{i=1}^{n} p_i = 1$,并发结构中的数字"1"表示两种服务并发进行,循环结构中的 k 表示循环的次数,循环结构只有一个入口和一个出口[87]。文献[124]指出,如果结构仅有一个源节点和一个宿节点,则称之为结构化流程。结构化流程是一类规范的流程模型,具有优良的结构性质和行为性质,其使用具有规范控制结构的构造块递归地构造流程,有助于降低建模复杂度和开发风险。

不同的控制结构对应不同的 QoS 评价方法,并且组合服务的 QoS 与各个执行路径的访问频率有关,对确定的组合方案而言,其组合服务的 QoS 依赖于运行时各个路径的执行频率。

针对四种 QoS 属性(即 Cost,Time,Availability,Reliability)及服务语义匹配度,图4.4.1中所示的四种控制结构所对应的 QoS 聚合函数及语义匹配度如表4.4.1所示。

表 4.4.1 四种控制结构的 QoS 聚合函数及语义匹配度

结构 分类	顺序	选择	并行	循环
Cost	$\sum\limits_{i=1}^{n} \text{Cost}(c_j)$	$\sum\limits_{i=1}^{n} p_i \times \text{Cost}(c_j)$	$\sum\limits_{i=1}^{n} \text{Cost}(c_j)$	$k \times \text{Cost}(c)$
Time	$\sum\limits_{i+1}^{n} \text{Time}(t_i)$	$\sum\limits_{i+1}^{n} p_i \times \text{Time}(t_i)$	$\max\limits_{i=1}^{n}\big(\text{Time}(t_i)\big)$	$k \times \text{Time}(t)$
Avail- ability	$\prod\limits_{i=1}^{n} \text{Availability}(a_i)$	$\prod\limits_{i=1}^{n} p_i \times \text{Availability}(a_i)$	$\min\limits_{i=1}^{n}\big(\text{Availability}(a_i)\big)$	$\prod\limits_{i=1}^{k} \text{Availability}(a)$
Reli- ability	$\prod\limits_{i=1}^{n} \text{Reliability}(r_i)$	$\prod\limits_{i=1}^{n} p_i \times \text{Reliability}(r_i)$	$\min\limits_{i=1}^{n}\big(\text{Reliability}(r_i)\big)$	$\prod\limits_{i=1}^{n} \text{Reliability}(r)$
Simi- larity	$\sum\limits_{i=1}^{n} \text{sim}(rs_i, ws_i)$	$\sum\limits_{i=1}^{n} p_i \times \text{sim}(rs_i, ws_i)$	$\sum\limits_{i=1}^{n} \text{sim}(rs_i, ws_i)$	$\sum\limits_{i=1}^{n} \text{sim}(rs_i, ws_i)$

　　表 4.4.1 中的聚合函数和文献[125]所提出的计算方法基本一致（除 Similarity 之外）。另外，对于选择结构，Similarity 是指带有控制结构流程的语义匹配度，$\text{sim}(rs_i, ws_i)$ 计算式同式（3.4.1.4），其中 ws_i 表示第 i 个抽象服务，rs_i 表示该抽象服务所对应的候选服务。表 4.4.1 并不是完备的，它只包含系统通常要使用的规则，这些规则被递归地定义在工作流的组合结构中，图 4.4.2 就是一个简单的递归组合服务。

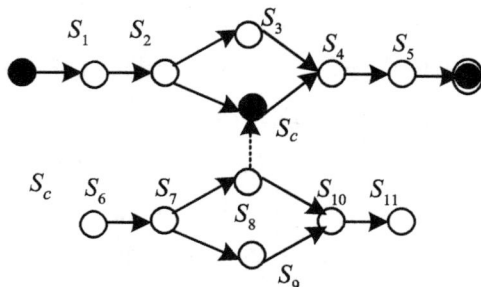

图 4.4.2　一个简单的递归组合服务

图 4.4.2 中，S_i 为简单服务，S_c 为组合服务。简单服务 S_6 — S_{11} 集成为复合服务结点 S_c，S_c 与 S_1 — S_5 进一步合成服务组合流程。

由于服务组合流程中可能存在多种控制结构，因此，需要对服务组合流程进行简化处理。简化规则为：①顺序、选择、并行和循环结构可被简化为一个复合服务节点；②当控制结构简化为一个复合服务节点时，该控制结构内相应的候选服务被保持在复合服务节点内。图 4.4.3 给出简化处理示例图，该图显示了顺序、并行、选择和循环的约简过程。

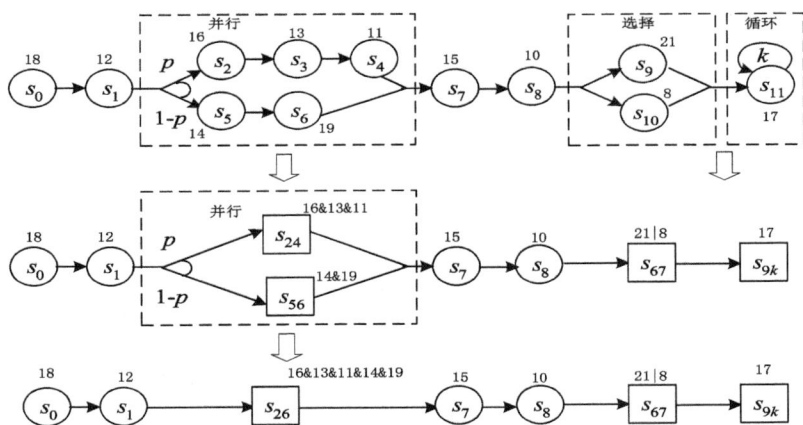

图 4.4.3　服务组合流程简化处理过程

图 4.4.3 中，圆圈上的数字表示候选服务编号，对应某个具体候选服务；圆圈内的数字表示抽象服务的编号；方框表示某子控制结构简化后形成的复合服务节点，方框上的数字组合表示该复合服务节点所包含的候选服务编号。

基于以上定义及简化原则，本章提出了流程规划算法 PP_AL（如下文所示）及 QoS 全局感知的遗传算法 GE_AL（见 4.4.3 节）。其中，PP_AL 算法是用于获取服务组合流程的四类 QoS 值及语义匹配值,而GE_AL则是针对该服务流程及PP_AL算法的执行结果,应用遗传算法动态选择满足用户QoS及语义需求的服务,以获取满足约束及用户需求的具体服务组合流程。PP_AL算法中服务组合流程的抽象服务节点数据结构为ArcNode(int *taskNum*, int *serviceNum*, QoS *qos*, double *similarity*, double *weight*, int *struc*, int *loop*)。该数据结构中,*taskNum*表示抽象服务编号,*serviceNum*表示该抽象服务的一个候选服务编号,QoS(double *cost*, double *time*, double *avail*, double *relia*)表示该候选服务的各QoS值,*similarity*表示该候选服务的语义匹配度,*weight*表示该服务的权重,*struc*代表组合流程中该抽象服务节点的所属的类型,其取值为0—3,其中0表示顺序结构,1表示选择结构,2表示并发结构,3表示循环结构,*loop*表示该服务循环调用次数。基于ArcNode数据结构,PP_AL算法如下。

(1)PP_AL算法过程

该算法的输入是服务组合流程 *allianceTreeNode*,算法的输出是该组合服务的四类QoS值及组合语义匹配度的值。令各个总的统计变量分别为:*totalCost*, *totalTime*, *totalRelia*, *totalAvail*, *totalSimilarity*。

具体算法可描述如下:

1)判断 *allianceTreeNode* 树的根节点的结构类型,进行如下操作:

● 如果树的根节点是顺序控制结构且该树根节点可能有多个孩子结点:

①如果根节点的孩子结点 *childNode* 是叶子结点,则将该叶子的各QoS及语义匹配度的值累加到各个总的统计变量,如算

法伪代码中的步骤5—7所示；

②如果根节点的孩子结点 *childNode* 不是叶子结点，则递归调用PP_AL算法，并将算法返回结果累加到各个总的统计变量，如算法伪代码中的步骤12—16所示；

③将各个总的统计变量依次保存到变量 *arr* 中；

● 如果树的根节点是选择控制结构且该树根节点可能有多个孩子结点：

①如果根节点的孩子结点 *childNode* 是叶子结点，则将该叶子的各 QoS 及语义匹配度的值封装后保存到 *arrayList*；

②如果根节点的孩子结点 *childNode* 不是叶子结点，则递归调用PP_AL算法，并将算法返回结果保存到 *arrayList*；

③比较 *arrayList* 中的各个选择分支，按条件选择某个分支后，将该分支所对应的各 QoS 及语义匹配度的值统计到各总的统计变量中；

④将该选择结构后面对应的控制结构节点 *controlNode* 的各 QoS 及语义匹配度的值统计到各总的统计变量中；

⑤将各个总的统计变量依次保存到变量 *arr* 中；

● 如果树的根节点是并行控制结构且该树根节点可能有多个孩子结点：

①如果根节点的孩子结点 *childNode* 是叶子结点，则将该叶子的各 QoS 值及语义匹配度的值封装后保存到 *arrayList*；

②如果根节点的孩子结点 *childNode* 不是叶子结点，则递归调用PP_AL算法，并将算法的返回结果保存到 *arrayList*；

③比较 *arrayList* 中的各个并行分支，将 *arrayList* 中时间最大的并行分支的时间统计到总的时间统计变量，其余各 QoS 及语

义匹配度值的计算方法是将各个并行分支的其余 QoS 及语义匹配度值依次累加到各个总的统计变量；

④将该选择结构后面对应的控制结构节点 *controlNode* 的各 QoS 及语义匹配度值统计到各个总的统计变量中；

⑤将各个总的统计变量依次保存到变量 *arr* 中；

● 如果树的根节点是循环控制结构,则将循环结构转换为无循环问题,其余操作类似处理。

2)返回封装了组合服务的四类 QoS 值及组合语义匹配度的变量 *arr*。

(2)PP_AL算法伪代码

Algorithm PP_AL

输入:服务组合流程 *allianceTreeNode*

/*采用树型保存服务组合流程, *allianceTreeNode* 是树的根节点*/

输出:该组合服务的四类 QoS 值及组合语义匹配度

begin

1.*totalCost*=0.0;*totalTime*=0.0; *totalAvail*=0.0; *totalRelia*=0.0;*totalSimilarity*=0.0;

2.**if**(the type of *allianceTreeNode* is "0") /*表示该树根节点是顺序控制结构*/

3.　**while**(*allianceTreeNode* has more children elements)

4.　　**if**(*childNode* of *allianceTreeNode* is leaf) /*如果该节点是叶子节点*/

5.　　　*totalCost*+= *childNode.cost*;　　*totalTime*+= *childNode.time*;

6.　　　*totalRelia*+=*log*(*childNode.relia*); *totalAvail*+= *log*(*childNode.avail*);

7.　　　*totalSimilarity*+= *log* (*childNode.similarity*);

8.　　　/*计算并将 *childNode* 的 QoS 值统计到各总的 QoS 值中*/

9.　　**else if** (*childNode* of *allianceTreeNode* is not leaf) /*如果该节点不是叶子节点*/

---

10.   *arr*=PP_AL(*childNode*)   /*递归调用该算法 PP_AL, *arr* 是一个 double 类型的数组*/

11. *totalCost*+= *arr*[0]; /*递归后返回的 cost 值*/

12. *totalTime*+= *arr*[1]; /*递归后返回的 time 值*/

13. *totalRelia*+=*log*(*arr*[2]); /*递归后返回的 reliability 值*/

14. *totalAvail*+= *log*(*arr*[3]); /*递归后返回的 availability 值*/

15. *totalSimilarity*+= *log* (*arr*[4]); /*递归后返回的 similarity 值*/

16. **endIf**

17. **endWhile**

18. 将 *totalCost*, *totalTime*, *totalRelia*, *totalAvail*, *totalSimilarity*, 候选服务保存到数组 *arr* 中; /*顺序结构结束*/

19. **else if**(the type of *allianceTreeNode* is "1") /*表示该树根节点是选择控制结构*/

20. **while**(*allianceTreeNode* has more children elements)

21.   **if**(*childNode* of *allianceTreeNode* is leaf) /*如果该节点是叶子节点*/

22. 将该叶子结点的各 QoS 值及语义匹配值封装后保存到变量 *arrayList* 中;

23.   **else if** (*childNode* of *allianceTreeNode* is not leaf) /*如果该节点不是叶子节点*/

24.   *arr*=**PP_AL**(*childNode*) /*递归调用该算法 PP_AL*/

25.   将 *arr* 保存到 *arrayList* 中;

26.   **endIf**

27. **endWhile**

28. 比较 *arrayList* 中的各个选择分支, 按条件选择某个分支后, 将该分支所对应的各 QoS 值统计到各总的 QoS 值中;

29. 将该选择结构后面对应的控制结构节点 *controlNode* 的各 QoS 值统计到各总 QoS 中;

30. 将 *totalCost*, *totalTime*, *totalRelia*, *totalAvail* 及 *totalSimilarity* 保存到数组 *arr* 中;

31. /*选择结构结束*/

32. **else if**(the type of *allianceTreeNode* is "2") /*表示该树根节点是并行控制结构*/

33. **while**(*allianceTreeNode* has more *children* elements)

34. **if**(*childNode* of *allianceTreeNode* is leaf) /*如果该节点是叶子节点

35. 将该叶子的各 QoS 值及语义匹配值封装后保存到变量 *arrayList* 中*/

36. **else if** (*childNode* of *allianceTreeNode* is not leaf) /*如果该节点不是叶子节点*/

37. *arr*=PP_AL(*childNode*) /*递归调用该算法 PP_AL*/

38. 将 *arr* 保存到 *arrayList* 中;

39. **endIf**

40. **endWhile**

41. 比较 *arrayList* 中的各个并行分支的 time,选择最大的 time 作为该并行结构的 time;

42. 将各分支的 cost, availability, reliability, similarity 值统计到各总的 QoS 值中;

43. 将该并行结构后面对应的控制结构节点 *controlNode* 的各 QoS 值统计到各总 QoS 中;

44. 将 *totalCost*, *totalTime*, *totalRelia*, *totalAvail* 及 *totalSimilarity* 保存到数组 arr 中;

45. /*并行结构结束*/

46. **else if**(the type of *allianceTreeNode* is "3") /*表示该树根节点是循环控制结构*/

47.{……} /*具体步骤略*/

48. **endIf**

49.**return** *arr*

end

PP_AL算法针对抽象服务组合流程,计算出对应的四类QoS值及全局语义匹配值,分别是$totalTime$,$totalCost$,$totalAvail$,$totalRelia$及$totalSimilarity$。为便于处理及降低处理时间,对$totalAvail$,$totalRelia$及$totalSimilarity$进行处理时,采用了对数函数将乘积形式转化成求和的形式。算法的时间复杂度与各控制结构子结构的调用频率有关,主要包括选择结构、分支结构和循环结构这三个部分。假设抽象服务组合流程中包括:I个选择结构,每个选择结构里有J个分支,每个分支有K个节点,则总的选择控制元的时间复杂度为$O(IJK)$;I'个并行结构,每个并行结构元里有J'个并行分支,每个并行分支有K'个节点,则总的并行控制元的时间复杂度为$O(I'J'K')$;I''个循环结构,每个循环结构里有K''个节点,则总的循环控制的时间复杂度为$O(I''K'')$。由此,PP_AL算法实现整个服务组合流程的QoS及语义匹配度计算的时间复杂度为$O(IJK+I'J'K'+I''K'')$。

采用该算法,针对图4.4.3的组合流程的控制结构,组合流程的树型结构如附录所示。

4.4.3 QoS全局感知的服务选择算法

目前,面向QoS全局感知的服务选择算法研究比较多,如基于整数规划、背包算法、模拟退火算法等,这些算法在其求解效率或适用范围等方面还不够理想。本章针对具有结构化流程的抽象服务组合流程,采用遗传算法研究服务组合流程的多QoS约束及语义需求的满足,结合服务语义匹配值,设计基于遗传算法的快速求解方法,为抽象服务组合流程的具体化实施提供有力的保证机制。

遗传算法作为一种智能优化方法,具有并行计算、群体寻优的特点。不同于传统的多目标优化方法,该方法不需要与应用背景相关的启发式,只需要目标函数和相应的适应值,被广泛应用于NP完全问题的求解。文献[126]指出,遗传算法是一种强有力的快速发现并解决一些困难问题的好搜索算法,尤其当搜索空间很大、复杂和难以理解时,被证明能有效地避免局部最优而达到全局最优。因此,相对于其他的启发式搜索算法,遗传算法能在相对短的时间里发现全局优化方法。

在多目标决策时,需要使多个目标在给定区域上都可能达到最优的问题。但如果多个目标的改善是相互抵触的,则需要找到满足这些目标的最佳组合方案,而利用遗传算法就可以解决多目标优化问题,解决含多目标和多约束优化问题的通常做法是根据某效用函数将多目标合成单一目标进行优化[83]。基于遗传算法,本章设计了两种目标函数 OF_1 和 OF_2,如下:

1)目标函数 OF_1。该目标函数是将服务组合流程的代价、时间、可用性和可靠性、语义匹配度作为遗传算法中的目标准则,力求代价、时间最小化而可用性、可靠性及语义匹配度最大化。但是,多个目标之间或互相依赖或存在冲突,我们将多目标优化问题转化为单目标问题,通过多目标加权法将每个目标函数值按效益型和成本型的不同,经过归一化处理以及乘上一个权重后,转换为单一目标函数。该目标函数及其约束分别如式(4.4.3.1)与式(4.4.3.2)所示:

$$\max OF_1(P) = \sum_{i=1}^{m}\left(W_i * Q_i{'}\right) + W_s * S{'} \qquad (4.4.3.1)$$

$$s.t.\begin{cases} Q_i(P) < CSQ_i(P) & \text{若} Q_i \text{是成本型QoS,} \\ Q_i(P) < CSQ_i(P) & \text{若} Q_i \text{是效益型QoS,} \\ S(P) > CSQ_s(P), \\ W_i > 0, W_s > 0, \sum_{i=1}^{m} W_i + W_s = 1, \end{cases} \tag{4.4.3.2}$$

其中,式（4.4.3.1）中:

$$Q_i' = \begin{cases} \dfrac{Q_{i\max}(P) - Q_i(P)}{Q_{i\max}(P) - Q_{i\min}(P)} & Q_i \text{是成本型QoS且} Q_{i\max}(P) - Q_{i\min}(P) \neq 0, \\ \dfrac{Q_i(P) - Q_{i\min}(P)}{Q_{i\max}(P) - Q_{i\min}(P)} & Q_i \text{是效益型QoS且} Q_{i\max}(P) - Q_{i\min}(P) \neq 0, \\ 1 & Q_{i\max}(P) - Q_{i\min}(P) = 0, \end{cases}$$

$$S' = \begin{cases} \dfrac{S(P) - S_{\min}(P)}{S_{\max}(P) - S_{\min}(P)} & S_{\max}(P) - S_{\min}(P) \neq 0, \\ 1 & S_{\max}(P) - S_{\min}(P) = 0, \end{cases} \tag{4.4.3.4}$$

式（4.4.3.1）中,$OF_1(P)$ 为目标函数,P 表示执行路径（见定义 4.4.1.1）,$Q_i(P)$,$S(P)$ 分别表示执行路径 P 的第 i 个 QoS 指标值及语义匹配度值,$Q_i(P)$,$S(P)$ 的值来自 PP_AL 算法的执行结果（$Q_i(P) = arr[i]$,$S(P) = arr[i]$）;W_i,W_s 分别表示 $Q_i(P)$ 及 $S(P)$ 的权重（按照目标的重要程度给定相应的权重系数）;m 为 QoS 约束的个数。式（4.4.3.2）指明,该目标函数的约束集是多个 QoS 指标及语义匹配度,且约束集需要满足一定的约束值,其中 $Q_i(P) < CSQ_i(P)$ 表示各执行路径上的 QoS 指标 $Q_i(P)$ 小于该执行路径上该指标的约束阈值,$CSQ_i(P)$ 即为约束阈值。本研究中,由效益型 QoS（见定义 3.4.3.1）与成本型 QoS（见定义 3.4.3.2）的定义可知,Time 和 Cost 是成本型约束,Availability, Reliability 是效益型约束,将 Similarity 类比于服务的 QoS,则其属于效益型约束。

式(4.4.3.3)与式(4.4.3.4)分别按效益型和成本型的区分,对 $Q_i(P)$ 和 $S(P)$ 进行了标准化处理[83]。 $Q_{imax}(P)$ 与 $Q_{imin}(P)$ 分别指组合服务在 Q_i 的约束最大值和最小值, $S_{max}(P)$ 与 $S_{min}(P)$ 分别指组合服务在语义匹配上的最大值和最小值。

2)目标函数 OF_2。由于服务组合中语义匹配度的优先级高于服务的 QoS 属性约束,因此,为提高组合服务的语义匹配度,将组合服务的语义匹配作为一个单一的目标,而将服务的 QoS 作为目标函数的约束。该目标函数及其约束分别如式(4.4.3.5)与式(4.4.3.6)所示:

$$\max OF_2(P) = \frac{S(P) - S_{min}(P)}{S_{max}(P) - S_{min}(P)} \qquad (4.4.3.5)$$

$$s.t. \begin{cases} Q_i(P) < CSQ_i(P) & \text{若} Q_i \text{是成本型 QoS,} \\ Q_i(P) > CSQ_i(P) & \text{若} Q_i \text{是效益型 QoS,} \end{cases} \qquad (4.4.3.6)$$

式中, $S(P)$ 是执行路径的语义匹配度, $CSQ_s(P)$ 为 $S(P)$ 的约束阈值, W_s 是其所对应的权重。 $S_{max}(P)$, $S_{min}(P)$ 与 $Q_i(P)$ 的含义同上。

两种目标函数都各自通过结合罚函数将多约束问题转换为无约束问题。Web 服务 QoS 参数的种类很多,采用上述方法可以将 QoS 约束推广到多个 QoS 约束的场合。

结合遗传算法的求解框架和问题本身的特性,本章遗传算法的思想是:将一个服务组合流程编码为一个染色体,通过染色体之间的交叉、变异和选择操作,产生更符合用户需求的新染色体,该过程不断进行,实现在解空间中并行全局搜索,使得用户定义的目标函数最大化,同时使得用户的 QoS 约束要求及语义需求被满足。算法停止时得到一个符合用户需求的染色体,即

得到与抽象服务组合相对应的一个具体服务组合序列,达到抽象服务具体化。GE_AL算法步骤如下:

Algorithm GE_AL

1. 产生初始种群:随机产生 N 个染色体,染色体的基因位数为 L,每个基因取自 $[1, M]$ 内的自然数编码的初始种群。其中,N 称为种群数。L 为组合服务组合流程中的抽象服务的个数,M 是每个抽象服务的候选服务数目;

2. 适应度函数设计:用适应度函数 Fitness(x) 计算种群每个个体的适应度。按照适应度去选择个体,适应度越高,个体参与构造新的种群的机会就越大;

3. 选择:采用带精英选择策略的轮盘赌选择方式(为比例选择法)选择子代,以增强其在下一代中保持最优染色体的能力并克服采样中的随机误差。若上一代的最优个体没有在下一代中得到复制,则将该最优个体复制到下一代中并从下一代中去掉一个最差染色体;

4. 交叉:将被选中的两个个体的基因链按交叉概率 P_c 进行交叉,其中 $P_c \in [0,1]$,采用单点交叉,随机选取断点,然后选取第一个双亲的断点后面的部分作为后代的一部分,再从第二个双亲中按顺序选取合法基因(即与选取的第一双亲的基因不同)填充余下部分,以避免非法个体的产生;

5. 变异:变异采用随机扰动,采用变异概率 P_m 的随机变异,其中 $P_m \in (0, 1)$,随机地选择一个基因(即服务组合流程中的某个抽象服务),并随机地利用该基因所对应的一个候选服务来替代该基因当前的具体服务;

6. 接受:把这个子代放到新的种群中去;

7. 停止准则:以预先设定的最大进化代数 Gen_{max} 作为停止条件,如果满足终止条件,则停止,将当前种群中最好的解输出。如果没有终止条件不满足,则回到步骤2。

　　GE_AL 算法的编码设计采用整数编码方式,将一个服务组合流程编码为一个染色体。基因位表示组合服务中的抽象服务的编号,基因位的取值范围对应于该抽象服务的候选 Web 服务编号范围。在步骤 2 构造适应度函数时,为惩罚不满足约束条件的个体,采用罚函数法处理受限优化问题,将一个约束优化问题转换为一个带惩罚的非约束优化问题[84]。在将罚函数应用到遗传算法时,可由式(2.3.3.2)将罚函数及目标函数包含到适应度函数 Fitness 中去,针对不同的目标函数,相应的适应度函数及罚函数如下。

　　1)针对目标函数 OF_1 及其约束,其适应度函数如式(4.4.3.7)所示:

$$\text{Fitness}_1 = OF_1(P) - \lambda \text{Punish}_1(P) \qquad (4.4.3.7)$$

式(4.4.3.7)中的 $OF_1(P)$ 来自式(4.4.3.1),λ 为罚函数尺度系数,$\lambda > 0$,P 的含义同式(4.4.3.1),$\text{Punish}_1(P)$ 为罚函数,其计算式如下:

$$\text{Punish}_1(P) = \sum_{i=1}^{m} \left(\frac{\Delta Q_i}{Q_{i\max}(P) - Q_{i\min}(P)} + \frac{\Delta S}{S_{\max}(P) - S_{\min}(P)} \right) \qquad (4.4.3.8)$$

式(4.4.3.8)中,m 为 QoS 约束个数,$Q_{i\max}(P)$ 与 $Q_{i\min}(P)$ 的含义同式(4.4.3.3),$S_{\max}(P)$ 与 $S_{\min}(P)$ 的含义同式(4.4.3.4),ΔQ_i 表示 Q_i 超出或低于第 i 个约束阈值 CSQ_i 的量,ΔS 表示 S 低于约束阈值 CSQ_s 的量。ΔQ_i 及 ΔS 的计算式如下:

$$\Delta Q_i = \begin{cases} Q_i(P) - CSQ_i & Q_i(P) > CSQ_i \text{且} Q_i \text{是成本型 QoS,} \\ CSQ_i - Q_i(P) & Q_i(P) < CSQ_i \text{且} Q_i \text{是效益型 QoS,} \\ 0 & \text{其他,} \end{cases}$$

$$\Delta S = \begin{cases} CSQ_i - S(P) & S(P) < CSQ_i, \\ 0 & \text{其他。} \end{cases} \qquad (4.4.3.9)$$

其中，$Q_i(P)$ 与 $S(P)$ 分别表示服务组合中第 i 个 QoS 属性的 QoS 值及语义匹配值，CSQ_i 与 CSQ_s 分别表示第 i 个 QoS 约束的阈值及语义匹配度的阈值。

2）针对目标函数 OF_2 及其约束，其适应度函数如式（4.4.3.10）所示：

$$\text{Fitness}_2 = OF_2(P) - \lambda \text{Punish}_2(P) \qquad (4.4.3.10)$$

式（4.4.3.10）中的 $OF_2(P)$ 来自式（4.4.3.5），$\text{Punish}_2(P)$ 为罚函数，其计算式如下：

$$\text{Punish}_2(P) = \sum_{i=1}^{m} \left(\frac{\Delta Q_i}{Q_{i\max}(P) - Q_{i\min}(P)} \right) \qquad (4.4.3.11)$$

此处 ΔQ_i 的计算同式（4.4.3.9）中的 ΔQ_i，其余参数的含义同式（4.4.3.7）与式（4.4.3.8）。因为目标函数 OF_1 与 OF_2 具有不同的约束，所以构建的罚函数不同。通过在适应度函数中包含罚函数，以加速遗传算法全局收敛并防止早熟终止。

对遗传算法来说，能否收敛到全局最优解是其首要问题。Rudolph 已经证明了标准遗传算法（即交叉概率为 $p_c \in [0,1]$，变异概率 $p_m \in (0,1)$ 及采用比例选择法的遗传算法）不能收敛到全局最优值[127,128]。为了防止当前群体的最优个体在下一代发生丢失，导致遗传算法不能收敛到全局最优解，本章采用比例选择法中的"精英选择（Elitist Selection or Elitism）"策略[124]，如算法 GE_AL 的步骤3所示。相关定理及证明如下：

定理1　如果存在满足约束条件的可行服务组合路径，则 GE_AL 算法在具有足够大的种群与进化代数时能够搜索出可行的路径。

证明　Rudolph 在文献[127]中证明了规范遗传算法不一定收

敛,其原因在于算法中最优解的概率遗失。算法 GE_AL 在实现可行路径搜索时,采用了四种策略:①变异概率 $p_m \in (0,1)$;②交叉概率 $p_c \in [0,1]$;③采用比例选择法;④每代最优群体在选择操作之前,为每代保留当前最优个体。由文献[128]提出的定理 2.7 证明了满足此四个条件的遗传算法可收敛到全局最优解,由此可知,该算法在足够大的遗传种群与进化代数时,能够搜索出可行的服务组合路径。

§4.5　仿真实验

我们进行了相关实验来验证本章所提出方法的可行性与有效性,给定抽象服务的数目、每个服务的候选服务个数、用户对于该系统的 QoS 需求(如时间、代价方面的限制条件)和依据领域模型所得到的各个服务之间的约束关系,将各 QoS 条件及语义匹配值转化为最优化问题,然后采用遗传算法解决该问题。仿真实验的测试环境为 Intel Pentium 4,2.8GHz,512M RAM,windows XP 和 J2SDK1.5,测试程序采用 Java 语言开发。鉴于目前没有相关的标准平台和标准测试数据集,因此,各个候选服务的服务质量参数及 similarity 值均是采用随机方法生成。具体仿真参数见表 4.5.1。

表 4.5.1　算法仿真设置

参数	描述	取值
N	种群数	50
Gen_{max}	最大进化代数	1500
P_c	交叉率	0.7
P_m	变异率	0.1

实验1 时间性能分析

为分析抽象服务数的变化及候选服务数的变化对 GE_AL 算法运行时间的影响,我们创建几种测试用例,其抽象服务数分别为 10,15,20,25,30,35,40,抽象服务的候选服务数分别为 5,20,45,70,100 的服务组合流程进行仿真,每个候选服务拥有四个 QoS 指标值及语义匹配值。候选服务的 Cost,Time 分别均匀分布在 [1,100],[1,200] 之内,Availability,Reliability 及 Similarity 均匀分布在 [0,1.0] 内。通过模拟实验计算 CPU 开销时间来验证 GE_AL 算法的有效性和性能。

针对具有不同抽象服务数的服务组合流程,应用本研究构造的遗传算法的两种目标函数 OF_1 和 OF_2,进行服务组合时的服务选择,取具有最大适应度值的组合服务为最佳服务组合。对具有不同抽象服务数、候选服务数的组合服务选择,每个流程用遗传算法运行 10 次,取平均时间耗费进行比较。实验结果分别如图 4.5.1 与图 4.5.2 所示,其中图 4.5.1 给出了目标函数为 OF_1 时的运行时间分析。

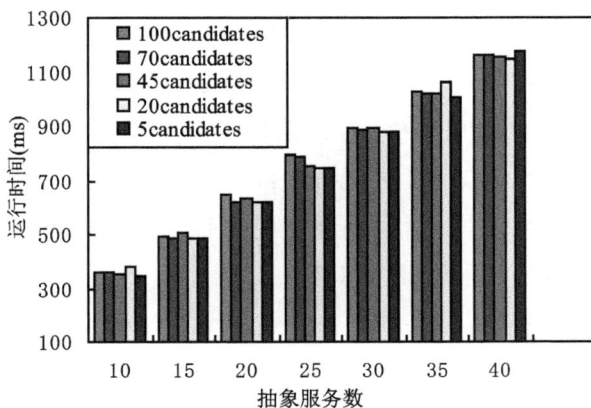

图 4.5.1 目标函数为 OF_1 的遗传算法运行时间分析

从图 4.5.1 分析可知,针对某个服务组合流程,变化候选服务的数目,当候选服务数目从 5 依次增加到 10 时,候选服务的个数对组合服务选择的时间基本上没有多大的变化;变化抽象服务组合流程中抽象服务的数目,当抽象服务数从 10 依次增加到 40 时,为抽象服务组合流程选择合适具体服务的时间基本上呈线性增加的趋势。对目标函数 OF_2,按照与 OF_1 相同的实验数据进行实验,运行时间的数据分析如图 4.5.2 所示。

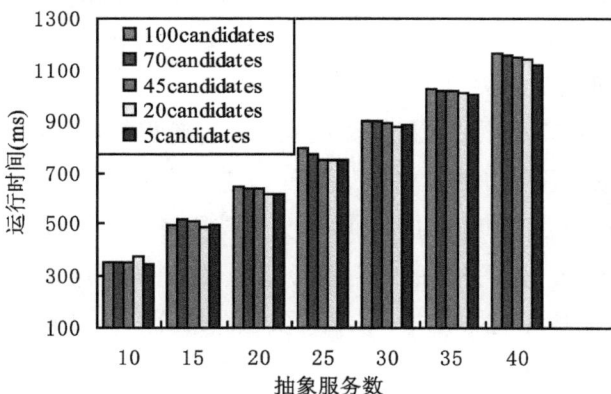

图 4.5.2　目标函数为 OF_2 的遗传算法运行时间分析

图 4.5.1 与图 4.5.2 显示了目标函数 OF_1 与 OF_2 的结果比较,两图的趋势走向基本相同,说明两者在时间耗费上基本相似。从两图分析均可知,算法运行时间的多少随着抽象服务数的增加基本呈线性增加,而候选服务的个数对运行时间的影响相对于运行时间而言几乎可以忽略。

实验 2　可行性验证

该实验的目的是验证算法 GE_AL 找到全局最优服务组合的可行性。图 4.5.3 针对实验 1 中给出的 7 种不同抽象服务数的服务组合流程,给定每个流程中每个抽象服务节点的候选服务数为70,目标函数分别为OF_1和OF_2的遗传算法,运行算法100次,所获得的匹配结果为最优解的平均比率如图4.5.3所示。

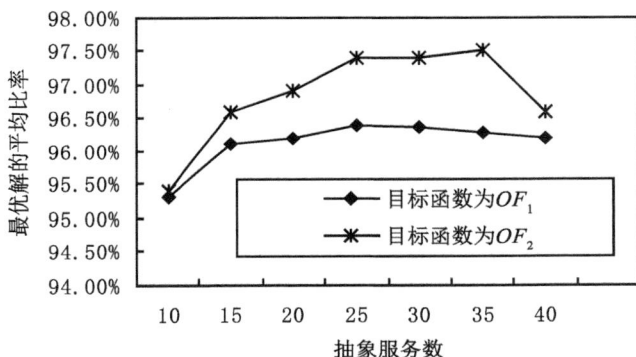

图4.5.3 服务组合最优解比率

图4.5.3中横坐标表示组合服务流程中的抽象服务数,纵坐标表示最优解的平均比率,图中的曲线分别表示目标函数为OF_1与OF_2时的最优解比率。由图4.5.3的仿真结果可知,在给定候选服务数、多QoS指标值及候选服务语义匹配度的情况下,两种目标函数的服务组合流程匹配结果最优解的比率在95%以上,较好地满足了全局语义匹配及QoS全局感知。在进行实验的过程中,由于服务质量参数是随机产生的,因此有可能通过计算获得的最终结果为空解,在空解的情况下只要重新产生各个服务质量参数的随机数,最终就能得到相应的解。在条件合理的情况下,GE_AL算法可以辅助用户更好地进行服务的选择与组合,较好地满足用户的功能需求和非功能需求。针对不同的候选服务数,为了得到更优解,整个进化过程可以重复多次,综合考虑算法的运行时间,本章中采用了重复运行10次,每次运行进化代

数 Gen_{max} 指定的代数,在 10 次解中取最优解作为全局服务选择的解。本研究使用整数型字符串来表示 Web 服务的组合,对应最大目标函数的字符串就是 Web 服务组合问题的最优解。例如,对于具有 18 个抽象服务(即基因)的抽象服务组合流程,经过遗传算法后得到的最优解的表示如下:

[	1	2	3	4	5	6	7	8	9	10	11	12	13	14	15	16	17	18	]
[	11	2	5	8	13	10	6	5	15	17	9	6	14	4	3	7	12	15	]

上面的数据中,第一行数据对应的是抽象服务的编号,第二行数据是各抽象服务所对应的具体服务,该具体服务满足组合服务的 QoS 属性要求。采用服务表示,第二行数据可以表示成:

[	ws_{11}	ws_2	ws_5	ws_8	ws_{13}	ws_{10}	ws_6	ws_5	ws_{15}	ws_{17}	ws_9
ws_6	ws_{14}	ws_4	ws_3	ws_7	ws_{12}	ws_{15}	]				

该数据中,ws_i 中是指某个抽象服务所对应的候选服务集中的具体服务编号。

上述结果说明了遗传算法可以为抽象服务组合流程找到全局最优解。如果采用局部最优服务选择策略,则无法得到满足 QoS 全局感知的各具体服务,因为局部最优并不能导致全局最优[2]。可知,当对整个服务组合流程的 QoS 属性值有要求时,全局 QoS 感知的服务优化选择的性能高于局部最优选择。

实验 3   算法时间性能比较

本章将如文献[110-112]所给出的方法归为 IP(Integer Programming)方法,将如文献[113-114]所给出的不支持语义的遗传算法的方法可归为 NS_GA(Non-Semantic Genetic Algorithm)方法,将本章提出的 GE_AL 方法(目标函数为 OF_1)与 NS_GA、及 IP 方法进行比较,其时间耗费比较如图4.5.4所示(图4.5.4中给定每个抽象服务节点的候选服务数为45个)。

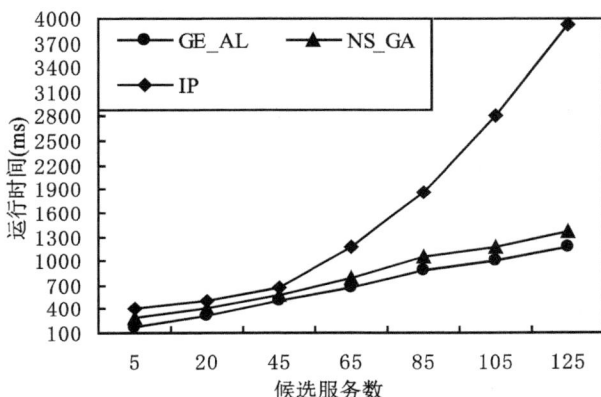

图4.5.4 具有15个抽象服务的算法运行时间比较

在图4.5.4中,横坐标表示服务组合流程中的抽象服务节点所具有的候选服务数,纵坐标表示运行时间(ms),在给定抽象服务流程中抽象服务数为15的情况下,三条曲线表示三种算法随着候选服务数而变化的运行时间。从图4.5.4的仿真结果可以看出:当抽象服务组合流程中的每个抽象服务的候选服务(具体服务)数量较小时,三种方法的时间耗费相差不多,且呈线性趋势;但随着具体服务数的增加,GE_AL与NS_GA的时间耗费上仍保持接近线性趋势,而IP方法的时间耗费会随着每个抽象服务的具体候选服务数量的增加而急剧增加。

从图4.5.4可看出,IP方法在抽象服务组合流程中的抽象服务数量及具体候选服务数量不多时,具有较好的性能,而当抽象服务组合流程中的抽象服务数量及具体候选服务数量不断增加时,IP方法的时间耗费相对而言是比较多的,而GE_AL与NS_GA这两种方法在时间耗费上总的来说相差不大,趋于接近,因此,选用合适的遗传算法参数,我们就可以在较短的时间内得到近似最优的Web服务组合解。

§4.6　本章小结

Web服务以其特有的优势使人们看到其广泛的应用前景。当功能相似的Web服务越来越多时,Web服务匹配成为基于语义的服务组合的一个重要环节,然而目前大多数的研究没有考虑到服务组合的全局匹配,此外,即使考虑了全局匹配,也仅从QoS角度进行匹配,没有考虑到全局语义匹配。

本章针对服务组合流程,实现宏观流程上的全局服务匹配,建立了全局匹配的QoS模型及其评价方法,基于该模型及评价方法,给出了计算服务流程执行路径QoS值的算法,并在此算法的支持下,提出了基于多QoS全局感知的服务组合优化方法,设计了兼顾服务语义匹配度与多QoS属性约束的遗传算法,使得服务组合流程通过该遗传算法可获得具有全局语义匹配度的优化解,同时使得组合服务的QoS约束满足用户的需求,服务组合的结果接近于最优解。由算法分析与实验结果表明,本章提出的优化方法是可行有效的。

第五章 基于SLM的抽象服务节点自动合成

§5.1 引言

为创建具有可适应性的服务组合业务流程,我们认为在抽象服务组合流程的具体化过程中需要解决的问题是:当业务流程中抽象服务节点所需的具体服务不存在或不可用时,如何在不导致整个流程中断的前提下自动合成服务来实现该抽象服务节点的功能。针对该问题,文献[52]提出了针对抽象服务节点的自动合成方法,即:当该抽象服务节点没有具体的服务与之匹配时,由合成后的服务来完成该抽象服务节点的功能。但是,该方法基于情境演算进行自动合成,存在着效率低和复杂度高的问题,因此,本章提出了一种基于语义链矩阵(SLM)的抽象服务节点自动合成方法,通过 SLM 来存储 Web 服务相关信息并为自动合成提供语义上下文。该方法通过共享一个 SLM 来简化服务合成过程,达到以小的代价获取抽象服务节点的服务合成链的目的。SLM 模型具有清晰、易于理解并易于实现的特点,基于 SLM 实现抽象服务节点自动合成的方法可增加服务组合的灵活性和动态性,仿真实验结果表明该方法是可行及有效的。

§5.2 问题描述

对于预先定义的抽象服务组合流程而言,该流程提供了代表一定功能的抽象服务及服务之间的控制流和数据流的抽象描述。抽象服务组合流程与抽象服务、具体服务之间的关系如图5.2.1所示。

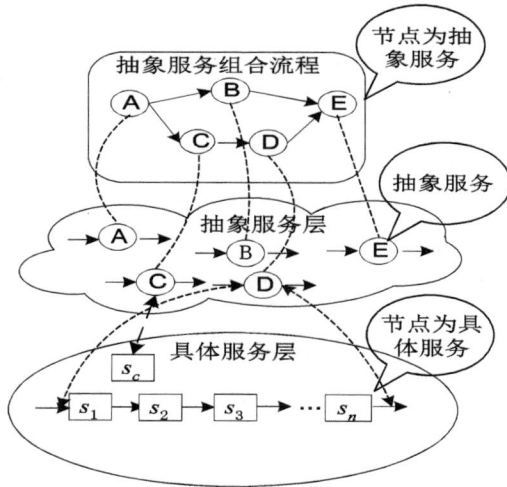

图 5.2.1   抽象服务组合流程与服务的关系图

图 5.2.1 给出了从抽象服务组合流程映射到服务资源库中具体服务的关联过程,实现了从抽象到具体的需求满足过程。针对该图中的抽象服务组合流程,可将每个抽象服务节点描述都提取出来,然后逐个在服务库中进行服务的匹配,即要求一个具体服务 s_1 的输出能够满足另一个具体服务 s_2 的输入,而 s_2 的输出又能够满足具体服务 s_3 的输入,从而形成一个服务链,应用该方法实现服务组合时存在着一个问题:当没有具体服务满足抽

象服务节点参数时,整个的组合服务将无法执行。为此,当组合流程的节点是抽象服务节点并且该抽象服务节点没有具体服务来实现其功能时,我们可通过后向搜索算法对抽象服务节点自动合成,并获取规划来实现该抽象服务的功能。当 Web 服务用语义 Web 技术进行良好定义,并在提供要合成服务的目标集、初始状态和约束的情况下,则在自动合成算法及相应数据结构的支持下,可以获得针对该抽象服务节点的一个期望的合成服务目标。

§5.3　相关研究

Web 服务自动组合(合成)到目前为止已有很多相关的研究,下面对一些典型文献进行分析。文献[39]基于语义描述,提出了基于 HTN 的规划器 SHOP2 来实现自动 Web 服务组合,在 HTN 规划中,任务分解的概念和服务组合过程的分解相似,很多的控制结构都可以通过 SHOP2 明确表示,但是 SHOP2 存在着假定有确定的动作和静态的环境局限。文献[129]假定一个模型来存储 Web 服务输入、输出参数的语义关联,该模型考虑到了语义相似度,并可基于该模型进行自动合成,但是没有对自动合成的死循环问题进行分析。文献[73]基于领域独立和领域特定的本体来计算语义相似度,提出了结合语义匹配和 AI 的服务组合方法。Issa 等人[130]提出了一个端对端的基础结构并采用 WS-Notification 规范作为基本方法感知和安排 Web 服务层的信息变化,提出捕获和反射 Web 服务集成过程中服务状态的算法。以上方法都存在复杂性高的特点。文献[131]提出了一个基于层次的

semi-Markov 决策模型和方法,该方法致力于动态 Web 流程规划的优化和健壮性,但是不支持 Web 服务流程的并发操作。文献[136]提出了基于 OWL-S 的服务组合规划器,该组合允许运行时的弹性组合,该方法只能产生一个顺序的服务序列来完成给定目标。文献[49]提出了一种基于回溯树的服务自动组合方法,属于图搜索的方法范畴,采用分步分治的思想,通过建立完备回溯树以选取有效生成路径,最后将路径合成为可运行的组合服务,该方法将搜索的空间受限于回溯树中。文献[137]提出了一个基于接口语义匹配的服务自动组合方法,从所提供的输入对象出发,在服务本体关系图中进行遍历,寻找到达用户期望的输出的路径,但目前这些基于图搜索的服务组合方法在服务数量很大、服务间关系复杂及服务本体复杂的情况下效果不佳。文献[138]提出了一种无回溯的反向链算法进行服务合成,该方法无须事先构建整个服务库的关系图,因而其搜索空间相对要小,但该方法在建立输入闭包以及为输出进行回溯时复杂度较高。文献[32]提出了一个递归的后向链算法来决定一个服务调用序列或服务链,当成功构造一个服务链或者知识库搜索完毕时终止算法,该方法适合应用于一个小的知识库场合,其存在的不足是执行时间随着服务输入个数的增加而呈指数级增长。由以上文献分析可知,基于 AI 的服务组合方法虽然摆脱了手工作业,试图实现服务的全自动合成,这些方法都需要对服务进行预处理和形式化转化,但是方法的复杂度较高,不易实现[49],并面临着需要快速搜索到特定的分枝等问题。因此,本研究采用基于形式化模型(SLM)的抽象服务节点自动合成方法加以改进。

§5.4 基于SLM的抽象服务节点合成算法

本章下面的工作是：首先给出了SLM的定义及语义链矩阵的构建算法（SLMConstructing）；其次基于SLM的定义及其构建算法，针对抽象服务节点描述，设计基于SLM的后向搜索算法（BP_SLM）来实现抽象服务节点自动合成，并对算法进行分析。该算法可增强服务组合流程的灵活性和自动性。由分析和实验结果表明，本章提出的算法是正确有效的。

5.4.1 基本概念与定义

本章提出了一个形式化的模型来存储Web服务接口间的语义链上下文，该模型是抽象服务节点自动合成的重要环境，基于该模型提供的上下文环境，可实现本章所提出的自动合成算法。下面介绍与该形式化模型相关的一些概念和定义，首先给出语义链的定义，如下：

定义 5.4.1.1（语义链） 一个语义链被定义为一个三元组：$\text{Slink} = \langle s_x, s_y, \text{sim}(out\_s_x, in\_s_y) \rangle$。其中，服务 s_x 是服务 s_y 的直接前趋，$\text{sim}(out\_s_x, in\_s_y)$ 为服务 s_x 的输出集与服务 s_y 的输入集在操作上的语义匹配度值，其计算值与式（3.4.1.3）类似。

定义 5.4.1.2（语义链矩阵 SLM） 一个语义链矩阵 SLM 被定义为 p 行和 q 列的矩阵，p 表示 S_{ws} 中所有的输入参数的个数，q 表示 S_{ws} 中所有的输入参数与目标参数的集合元素个数。SLM 中的元素 $m_{i,j}$ 被定义为一个二元组：$\langle s_x, \text{sim}(out\_s_x, c_j) \rangle$，其取值来

自集合 $p\times q$SLM，集合 $p\times q$SLM 定义为 $M_{p,q}\left(S_{ws}\times[0,1]\right)$。

定义 5.4.1.2 中，S_{ws} 是一个采用本体标注的可用 Web 服务集合。

SLM 的第 i 行为 r_i 且 $r_i=\sum\limits_{k=1}^{n}in\_S_{WS_k},i\in\{1,\cdots,p\}$。其中，$n$ 表示 S_{ws} 中可用服务的个数，$in\_S_{WS_k}$ 表示服务 S_{WS_k} 的输入参数集；

第 j 列为 c_j 且 $c_j\in\left(\left(\sum\limits_{k=1}^{n}in\_S_{WS_k}\bigcup Goal\right)-\left(\sum\limits_{k=1}^{n}in\_S_{WS_k}\bigcap Goal\right)\right),j\in\{1,\cdots,q\}$，$Goal$ 为目标集。

$$m_{i,j}=\begin{cases}\left(s_x,\text{sim}\left(out\_s_x,c_j\right)\right) & \text{如果}s_x\in S_{WS},out\_s_x\in T\text{且}out\_s_x\text{与}\\ & c_j\text{在领域本体}T\text{中非完全匹配,}\qquad(5.4.1.1)\\ \left(s_x,1\right) & \text{sim}\left(out\_s_x,c_j\right)=1\end{cases}$$

定义 5.4.1.2 中 $m_{i,j}$ 的计算式如式（5.4.1.1）所示。

式（5.4.1.1）中，T 为领域本体，$r_i\in T$，$c_j\in T$，$Goal\in T$。基于 T，式（5.4.1.1）需要计算服务 s_x 操作的输出参数 out_s_x 与 c_j 的语义匹配度，$\text{sim}\left(out\_s_x,c_j\right)=1$ 表示 out_s_x 和 c_j 在领域本体 T 里完全匹配，$out\_s_x\in T$。

SLM 存储了服务的输出参数与输入参数之间的语义链且给定了一个不同 Web 服务的输入、输出参数在逻辑上的依赖。在 SLM 中，当 $m_{i,j}$ 没有语义匹配度值时，$m_{i,j}=\phi$。

基于 SLM 的后向搜索可以看成一个规划问题，下面给出规划的定义。

定义 5.4.1.3（规划）　一个规划 π 可以是一个三元组：$\pi=\langle InitialSet,Goal,S_{WS}\rangle$。其中：$InitialSet$ 为初始输入集，是初始状态的完全描述，$Goal$ 为目标集，是目标状态的部分描述，S_{WS} 是采用本体标注的可用 Web 服务集合。如果服务序列 S 能从初始状态 $InitialSet$ 到达最终状态 $Goal$，则 S 是一个规划。

本章通过在 SLM 中评价服务间语义链并进行搜索以发现相应的规划。在抽象服务节点自动合成过程中，抽象服务操作的输入参数对应规划中的 $InitialSet$，抽象服务操作的输出参数对应规划中的 $Goal$。本研究基于 SLM，根据抽象服务节点所提供的初始输入集和目标集，在 S_{ws} 中寻找到一系列的满足该初始输入集和目标集的规划，以完成一个抽象服务节点的接口功能。

本研究通过一系列的子规划来合成相应的规划，在服务语义关联的基础上（见定义 3.4.1.8），子规划的定义如下：

定义 5.4.1.4（子规划）　若有服务序列 $(S_1, \cdots, S_n)$（n 为整数）使得 $S_i \leqslant S_k \leqslant \cdots \leqslant S_j$，（$i, j, k$ 为整数且 $\leqslant n$），则称 S_i 到 S_j 在服务组合流程中可达，并称序列 $(S_i, \cdots, S_j)$ 为从 S_i 到 S_j 的一个子规划。

5.4.2　语义链矩阵的构建算法 SLMConstructing

基于 SLM 定义（定义 5.4.1.2），本部分给出构造 SLM 的算法实现。假定集合 S_{ws} 是封闭的并且服务的输入、输出参数及目标集 $Goal$ 中的概念均在领域本体 T 中。针对 S_{ws} 中的服务及给定的目标集 $Goal$，构建 SLM 的算法基本过程如下。

(1)SLMConstructing算法过程

该算法的输入是可用的服务集 S_{ws}、目标集 $Goal$；算法的输出是所构造的 SLM，矩阵 SLM 采用二维数组来存放。

具体的算法可描述如下：

1）对 S_{ws} 中的每个服务 ws 及 ws 中的每个操作 Op；

2）将每个操作 Op 的输入参数放到变量 $AllInputs$ 中（若存在

相同功能且服务的操作及参数都相同的服务,则输入参数只在 *AllInputs* 中保留一次);

3)将每个操作 *Op* 的输出参数放到变量 *AllOuputs* 中(若存在相同功能且服务的操作及参数都相同的服务,则输出参数只在 *AllOuputs* 中保留一次);

4)定义二维数组 SLM:其行值大小为|*AllInputs*|,且行对应一维数组 *row=AllInputs*;列值大小为 $\left\|\left[(AllInputs \cup Goal) - (AllInputs \cap Goal)\right]\right\|$,且列对应一维数组 $col = \left[(AllInputs \cup Goal) - (AllInputs \cap Goal)\right]$;

5)对二维数组 *SLM[i][j]* 赋值:对 S_{ws} 中每个服务 ws_m 进行判断,对于 ws_m 中的操作 *Op*,如果其输入参数包含 *row[i]* 且输出参数包括 *col[j]*,将 ws_m 赋值给 *SLM[i][j]*;

6)重复步骤5),直到 S_{ws} 中所有的服务都处理完毕。

(2)SLMConstructing算法伪代码

```
Algorithm  SLMConstructing
输入:S_ws, Goal
输出:SLM
begin
1.for each service ws in S_ws
2.  for each operation Op in ws
3.    AllInputs= AllInputs ∪ Op.inputs;
4.    AllOuputs= AllOuputs ∪ Op.outputs;
5.  endFor
6. endFor
```

7. *row= AllInputs*;

8. $col = \left[\left(AllInputs \bigcup Goal \right) - \left(AllInputs \bigcap Goal \right) \right]$;

9. *rowLength=row.size*();

10. *colLength=col.size*();

11. **for** each *row_i* in *row*

12. 　**for** each *col_j* in *col*

13. 　　**for** each *ws_m* in *S_{ws}*

14. 　　　**if**(*ws_i*.inputs.contains *row_i* && *ws*.outputs.contains *col_j*)

15. 　　　**then**

16. 　　　　*SLM[i][j]=ws_m*;

17. 　　　**endIf**

18. 　　**endFor**

19. 　**endFor**

20. **endFor**

21. **return** *SLM*;

end

在 SLMConstructing 中，假定总共有 N 个 Web 服务，共有 L 个输入参数，目标集的元素个数为 M，则 SLM 的行数为 L，列数最多为 $(L+M)$。最大的时间复杂度为 $O((L+M) \times L \times N)$，因为一般情况下 M 较小，所以 M 可省略，则最大的时间复杂度为 $O(L^2 \times N)$，是有效的多项式时间算法。该算法的空间复杂度为 $O((L+M) \times L)$。

抽象服务节点自动合成问题面临的一个挑战是问题空间（即本章中可用服务集 S_{ws}）不是完全可列举，即不可能将所有的信息都存放到服务库中，不能达到在 SLM 中对所有可用的服务进行建模。因此，当新的服务进入到服务库时，则需要对 SLM 进行扩展，在获取新服务操作的输入、输出及相关信息后，我们可以很容易地在原 SLM 的基础上对 SLM 进行扩充,而不影响原有的 SLM 建模信息。当有不用的服务退出服务库时,也可以很容易地从 SLM 中去掉该服务的建模信息而不会影响其余服务。因此,SLM 具有弹性和扩展性的特点。

5.4.3 基于 SLM 的后向搜索算法 BP_SLM

本部分基于 SLM 定义(定义 5.4.1.2)及 SLMConstructing 算法,提出实现抽象服务节点自动合成的后向搜索算法 BP_SLM。由于抽象服务节点的接口明确指定了服务操作的输入、输出参数的语义描述,因此,当不存在独立的具体服务与抽象服务匹配时,BP_SLM 算法则根据抽象服务节点的语义描述,在语义链矩阵 SLM 中进行后向搜索以实现抽象服务节点自动合成,以寻找满足该抽象服务接口功能的服务序列,该序列的输入集和输出集分别在语义上对应抽象服务接口的输入和输出参数。算法过程及算法伪代码分别如下。

(1)BP_SLM 算法过程

算法输入:可用的服务集 *SLM*、初始输入集 *InitialSet*、目标集 *Goal*;算法输出:规划 π。

具体的算法可描述如下:

1)将 *Goal* 赋值给变量 *goalList*,其中 *goalList* 是随着算法不断更新;

2)对 *goalList* 进行判断,如果 *goalList* 不为空则执行下面的步骤;

3)取 *goalList* 中第一个元素作为子目标 *subGoal*,从 *goalList* 中删去第一个元素,*goalList* 中其余元素依次前移;

4）针对 SLM 中 *subGoal* 所对应的列 *sg*，对 SLM 中每行 *i* 都进行判断；

5）如果 SLM 中，所有元素都满足 *SLM*[*i*][*sg*]=null，则表示没有服务的输出参数包含该子目标，则退出 BP_SLM 算法；如果 *SLM* 中存在元素 *SLM*[*i*][*sg*]!=null，则 *SLM*[*i*][*sg*] 中存在 Web 服务 s_{li} ，且 s_{li} 的操作 *Op* 的输出参数包含了子目标 *subGoal*，in_s_{li} 为服务 s_{li} 在 SLM 所对应的行，是 s_{li} 的操作 *Op* 的一个输入参数；

●若 sim(out_s_{li},*subGoal*)>0，判断 $\left(in\_s_{li}\bigcap\left(\bigcup\limits_{s_{li}\in\pi'}in\_s_{li\_next}\right)\neq\varnothing\right)$ 是否成立；

若成立则表明有存在死循环可能，检查算法的子规划 π' 中是否存在死循环：

①若存在死循环，则退出 BP_SLM 算法；

②否则，若 in_s_{li} 不包含在 *InitialSet* 中，则将 in_s_{li} 加入到 *goalList*。对于对 s_{li} 的同一个操作 *Op*，若有多个输出参数包含在目标集 *Goal* 中，则将其从 *goalList* 中移去，以避免对 *Op* 重复判断操作；

●对于 SLM 中 *subGoal* 所在的列 *sg*，重复步骤 5），直到 SLM 中对应列 *sg* 的各行都处理完毕；

6）通过 *subGoal* 为 s_{li} 保存后继服务 *nextWS*，将< in_s_{li} ,s_{li} >保存到变量 *oldMap*，以便于检索死循环；

7）将 s_{li} 保存到子规划 π' 中；

8）如果 *ws* 的操作 *Op* 的所有输入参数都在初始输入集 *Initial-Set* 中，则表明该子规划 π' 已经后向搜索到结束点，则将 π' 增加到规划 π 中；

9）重复步骤 2），直到 *goalList* 为空，退出 BP_SLM 算法。

(2)BP_SLM算法伪代码

Algorithm BP_SLM

输入:*SLM*,*InitialSet*,*Goal*

输出:规划 π 或 **null**

begin

1. *goalList* =*Goal* ;   /*take ArrayList structure to store the *Goal* */

2. *initialSet*= *InitialSet*;   /* concepts of *InitialSet* come from domain ontology *T* */

3. $\pi = \varnothing$;   /* π is used to store the total plan */

4. $\pi' = \varnothing$;   /* π' is used to store sub plan */

5. **while**(*goalList*!=null)

6. *subGoal*= *goalList*.get(0);

7. *goalList*.remove(0);

8.   **for** each row *i* in *SLM*

9.   **if** (*SLM*[*i*][*sg*]!=null) **then**

10.   **if** (the outputs of s_{li} in *SLM*[*i*][*sg*] contains more subgoals of *Goal*)

11.   **then** remove the subgoals from the *goalList*

12.   **endIf**

13.   **if** (sim(*out_s_{li}*,*subGoal*)>0) **then**

14.   **if** $\left(in\_s_{li} \cap \left(\bigcup_{s_{li} \in \pi'} in\_s_{li\_next} \right) \neq \varnothing \right)$ **then** check the deak loop

15.   **if** (there really exists dead loop)

16.   **then**

17. $\pi = \varnothing$;

18.   **break** all the composition process and exit;

19.　　　　　　**else if**($in\_s_{l_i}$ not in initialSet)

20.　　　　　　　　*goalList*.add(0, $in\_s_{l_i}$);

21.　　　　　　**endIf**

22.　　　　**endIf**

23.　　　　save the *nextWS* for s_{l_i} by subGoal;

24.　　　　oldMap.put($in\_s_{l_i}$, s_{l_i}) ;

25.　　　　$\pi' = s_{l_i} \bigodot \pi'$;

26.　　　**endIf**

27.　　**endIf**

28.　　**if** (for all i,*SLM*[i][sg]=null)　**then** $\pi = \varnothing$　;

29.　　　**break** all the composition process and exit;

30.　**endFor**

31.　**if** (*initialSet* contains all inputs of s_{l_i})　**then**

32.　　$\pi' = in\_s_{l_i} \rightarrow s_{l_i} \bigodot \pi'$; /* $\rightarrow$ represents that $in\_s_{l_i}$ is the input of s_{l_i} */

33.　　$\pi = \pi \| \pi'$;

34.　　$\pi' = \varnothing$

35.　**endIf**

36. **endWhile**

37. **return** π ;

end

在 BP_SLM 算法中，由于一个 SLM 存储了 S_{ws} 中所有有服务语义关联（定义 3.4.1.8）的服务间语义链（定义 5.4.1.1），而规划结果是由一个或一些合法的 Web 服务输入、输出参数之间的语义链递归产生，因此，通过一个或一些正确的语义链，在有限步骤之后，将产生一个正确的规划或为空。可见，若产生一个规划，则通过语义链矩阵可确保规划正确性。该算法中，顺序结构用

"⊙"表示,并行结构用"‖"表示,选择结构和循环结构则在程序中直接加以处理,因此在规划中没有相应的符号表示。

该算法中 Web 服务的数据结构为:$webService$($ArrayList\ basicInfo$, $ArrayList\ operation$, $String\ start$, $String\ end$, $ArrayList\ nextWS$),其中, $basicInfo$ 表示服务的基本信息, $operation$ 表示服务的操作集, $nextWS$ 用来存放前趋服务与后向服务之间的链接控制关系,使得能够从初始输入集正向获取所有的子规划 π' 直到终止状态, $start$ 表示该服务在规划 π 中是否是起始服务, end 表示该服务在规划 π 中是否是最后一个服务。服务操作集 operation 中操作的数据结构为:$Operation$($ArrayList\ inputs$, $ArrayList\ outputs$), $inputs$ 表示该操作的输入参数集, $outputs$ 表示该操作的输出参数集。

BP_SLM 算法的一些性质分析如下。

(1)算法的正确性证明

定理1 抽象服务节点自动合成是有效的。即获取的规划 π 是满足抽象服务节点的接口需求的。

证明 采用反证法证明如下:

1)假设产生了一个不正确的规划 π ,该规划 π 不能产生抽象服务操作的所有输入集和输出集。

BP_SLM 算法从目标集开始后向搜索,当 $goalList$ 不为空时,则执行步骤6从 $goalList$ 里获取子目标,并执行步骤7从 $goalList$ 中删除子目标,针对该子目标,若存在 $SLM[i][sg]$ 的值不为空、sim($out\_s_{l_i}$, $subGoal$)>0 且步骤14的条件不成立(表示不存在死循环)时,则将该新的子目标($in\_s_{l_i}$,见步骤20)增加到 $goalList$;若所有的 $SLM[i][sg]$ 的值都为空,说明不存在服务 s_{l_i} 其输出参数包含该子目标,则退出该算法(见步骤28,29)。当服务 s_{li} 操作的输入参数全部包含在初始输入集 *InitialSet* 里时,则输出一个子规划 π'(见步骤31,32),并将该子规划 π' 保存到规划 π 中(见步骤33)。若规划成功则返回完成抽象服务功能的规划 π ,由 BP_SLM 算法的步骤5,6,9,20可知,该规划 π 具有与初始输入集/目标集有语义匹配的输入/输出接口参数,由步骤5可知 π 必包括目标集中所有元素以及由步骤31可知 π 必包括了初始输入集中所有元素,由此保证了产生的规划 π 能满足算法初始输入、输出要求。若规划不成功,由 BP_SLM 算法的步骤3,17及29可知返回空值(null)。

由上述分析可知,BP_SLM 算法可产生一个正确的规划或返回空值。由于 BP_SLM 算法的初始输入集/目标集与抽象服务操作的输入集/输出集相对应,因此,若产生了一个规划 π ,则 π 可满足抽象服务节点的接口需求。

2)在 BP_SLM 算法中,针对死循环问题,我们的解决方案是:在获取子规划的过程中检查是否存在死循环,而不是在构建 SLM 时避免死循环。在寻求合成方案时,通过检查子规划 π' 是否满足一定的条件来检测规划过程是否存在死循环,该条件是: Web 服务(s_{li})的输入参数是否满足 $in\_s_{li}\bigcap\left(\bigcup_{s_{li}\in\pi'}in\_s_{li\_next}\right)\neq\varnothing$,体现在 BP_SLM 算法的步骤14,如果条件满足,则表明服务 s_{li} 在该子规划 π' 中存在的次数多于两次,可能存在死循环。

如果由判断可知,可能存在死循环,则需要检查是否真正存在死循环。方法为:从 s_{li} 开始沿着子规划 π' 来寻找 s_{li} 的后继服务 s_{li_nest} ;在寻找后继服务的过程中,如果存在 s_{li_nest} 与 s_{li} 相等,则

条件 $in\_s_{li} \bigcap \left(\bigcup_{s_{li} \in \pi'} in\_s_{li\_next} \right) \neq \varnothing$ 成立,意味着子规划 π' 中存在死循环,因此中断整个规划过程,π 赋值为 $\varnothing$,BP_SLM 算法终止(体现在步骤 15,17,18)。

3)综上所述,采用后向搜索算法实现抽象服务节点自动合成是有效的。

(2)算法的完备性证明

定理 2　如果存在一个规划,则该规划能由 BP_SLM 算法产生。

证明　采用反证法证明如下:

假定规划所需要的相关服务都已在 SLM 中存在,并假设存在一个规划 π 没有被产生,该 π 的输入参数集为初始输入集 *InitialSet*,而 π 的输出参数为目标集 *Goal*。

由于 π 是由一系列的子规划 π' 构成的,而 π' 的最后一个服务的输出参数必定包含在目标集 *Goal* 中,令包含的子目标为 *subGoal*,则由 BP_SLM 算法的步骤 5,6,9,20,25 及步骤 29 可知,必定能由子目标 *subGoal* 后向搜索到该子规划 π'。由 π' 可合成 π 可知,满足抽象服务接口功能的 π 必定能找到。

(3)算法的时间和空间复杂度

依照 BP_SLM 算法,抽象服务节点接口功能需要借助目标集 *Goal*、初始输入集 *InitialSet* 和可用服务集 S_{ws} 来实现。状态的转移导致了目标的计算,因状态的转移是基于语义链矩阵 SLM 的,故 BP_SLM 算法不需要处理前趋状态转移。在 BP_SLM 算法中,假定总共有 N 个 Web 服务且共有 L 个输入参数,目标集中有 M 个子目标,则 SLM 的行数为 L,列数为 $(L+M)$,即算法处理的过程中涉及的子目标个数最多是$(L+M)$。对每个子目标，算法需要在SLM的L行中寻找$(s_{li}$,sim(out_s_{li},$subGoal$))的值，最坏的时间复杂度是$O((L+M)\times L\times N)$，而最初的子目标个数M相对于所有的输入参数数据而言是较少的，在计算时间复杂度时可以忽略不计，因此最坏时间复杂度变为$O((L+M)\times L\times N)=O(L^2\times N)$。在最好情况下算法不用比较就可以直接找到需要的Web服务，因此最好的时间复杂度为$O(L^2)$。

对于空间复杂度分析而言，由于大多数的空间都被SLM占据，所以我们仅分析SLM的空间复杂度。从上述可知，SLM有L行及$(L+M)$列，则空间复杂度为$O(L\times(L+M))$。

(4)算法特点

算法特点如下：

1）当目标状态用一个约束集来描述而不是明确地列出时，如何生成目标状态集的前趋服务的描述并不总是显而易见[37]，因此难以实现后向搜索。但是借助SLM，则很容易获取目标状态集的前趋服务。由于算法BP_SLM是基于SLM实现的，因此具有易于实现的特点；

2）BP_SLM算法容易检测出规划过程是否存在死循环，可提高自动合成的正确性及效率；

3）由于构造的SLM可以重用，因此基于SLM的算法BP_SLM可以节省自动合成的时间并提高合成的效率；

4）抽象服务节点自动合成方法适合于缺乏具体服务与抽象服务相匹配的场合，因此可提高服务组合的灵活性与自动性。

§5.5 仿真实验

我们进行了相关实验来验证本章所提出方法的可行性与有效性,仿真实验的测试环境为 Intel Pentium 4,2.8GHz,512M RAM,windows XP 和 J2SDK1.5,测试程序采用 Java 语言开发。抽象服务节点自动合成过程可分成构建 SLM 和自动合成两个阶段,下面针对这两个阶段进行实验,并对实验结果做了比较分析。

实验 1 构建语义链矩阵 SLM 的时间性能分析

为测试 SLM 的构建时间,本章设计了 300 个服务及其操作描述,平均分成 6 个服务集,同一个服务集中的不同服务操作具有相同的输入、输出参数个数,服务集与参数个数的对应关系如表 5.5.1 所示。

表 5.5.1 构建 SLM 的测试用例

服务集 参数个数	服务集 1	服务集 2	服务集 3	服务集 4	服务集 5	服务集 6
输入参数 个数	3	3	4	4	5	5
输出参数 个数	3	4	3	4	3	4

表 5.5.1 中的第二栏"输入参数个数"表示对应的服务集中每个服务操作的输入参数的个数,第三栏表示对应的服务集中每个服务操作的输出参数的个数。对这些服务集构建 SLM,采用随机生成 Web 服务之间语义匹配度数据作为测试用例。时间性能分析结果如图 5.5.1 所示。

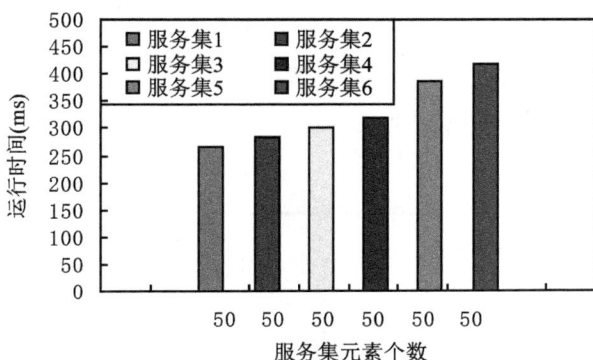

图5.5.1 构建SLM的时间性能分析

图 5.5.1 中,横坐标表示服务集元素个数,纵坐标表示每个服务集的运行时间,以毫秒(ms)为单位。实验结果显示,SLM的构建时间随着服务接口参数个数的增加而增加,但增长比较平缓。

实验2 BP_SLM算法时间性能分析

为研究基于SLM的抽象服务节点自动合成方法的性能,此处创建了服务测试集来计算时间的耗费。基于实验1所构建的SLM,针对具有六种具有不同输入、输出参数的抽象服务节点,我们共生成了6个测试用例,如表5.5.2所示。表5.5.2中的第二栏"初始输入集元素个数"表示需要进行自动合成的抽象服务的操作输入集的元素个数,第三栏"目标集元素个数"表示需要进行自动合成的抽象服务的操作输出集元素个数。

表5.5.2 抽象服务节点自动合成的测试用例

参数 \ 测试用例	用例1	用例2	用例3	用例4	用例5	用例6
初始输入集元素个数	3	3	4	4	5	5
目标集元素个数	3	4	3	4	3	4

基于表5.5.2中抽象服务节点测试用例,在实验1所构建的SLM的基础上,测试BP_SLM算法的运行时间耗费,即:基于SLM找到一个规划(或检查是否存在一个规划)的时间,实验结果如图5.5.2所示。

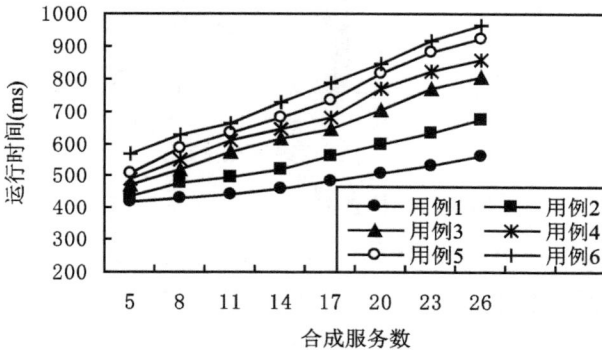

图5.5.2 BP_SLM算法时间性能分析

图5.5.2中,横坐标是指抽象服务节点自动合成后的服务个数,纵坐标代表平均执行时间,以毫秒(ms)为单位,各曲线分别代表BP_SLM算法在不同的测试用例时的运行时间。从图中我们可以看出,当合成服务数很少时,算法的运行时间不大,但是随着合成服务数的增多,算法的时间耗费逐步增大,当合成服务数目达到26并且抽象服务节点的输入为5、输出参数为4的情况下,自动合成时间不到1000ms。由图可见,计算时间还随着测试用例的初始输入集和目标集的大小而变化,当初始输入集和目标集的大小比较小时,算法的运行时间变化不大,只是些许变动,但随着输入集和目标集的增大,算法时间耗费增加较快,可见,服务接口参数个数越少,运行时间增长趋势越弱。

实验3 服务合成时间性能比较

目前存在一些基于服务语义的服务合成方法,这些方法首先是对服务进行语义扩充,再利用算法进行实现。本研究将基于最短路径算法实现服务合成的方法[133,135]称为 SPCM(Short Path Composition Method),将基于后向搜索算法实现服务合成的方法[29,134]称为 BSCM(Back Search Composition Method)。基于表 5.5.2 中的测试用例6,将本研究提出的基于 SLM 的自动合成方法 BP_SLM 与 SPCM,BSCM 方法的时间性能进行比较,如图 5.5.3 所示。

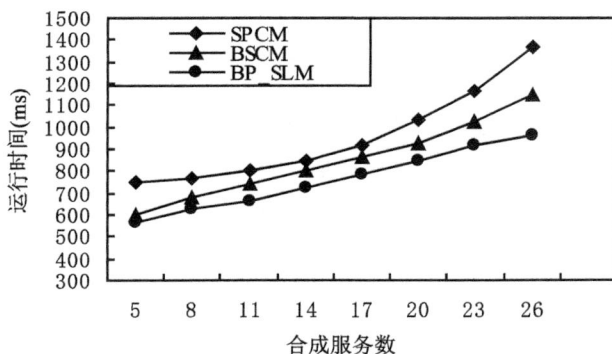

图 5.5.3 服务合成时间性能比较

图 5.5.3 中横坐标表示抽象服务节点自动合成后的服务个数,纵坐标表示抽象服务节点自动合成的运行时间,以毫秒(ms)为单位,各曲线分别表示各方法实现抽象服务节点自动合成的运行时间。图中,SPCM 相对于其他两种方法的运行时间的耗费较多,由于该方法主要着重于服务合成质量,为了获得最优的组合而降低了算法的时间性能。BSCM 与 BP_SLM 两种方法的时间耗费较少,主要由于两者都基于后向搜索算法,而后向搜索减少了大量不必要的路径的生成,因此服务合成时间性能较好,尤其

当服务数很少时效果更好。另外,由于 BP_SLM 方法基于 SLM 进行的,而 SLM 提供了搜索规划的空间,能提高服务合成的时间性能。

由上述实验可知,与已有的合成方法相比,本章所提出的抽象服务节点自动合成方法综合考虑了服务的语义匹配度、服务合成的效率(利用 SLM 的可重用性),力图在尽可能短的时间内获得尽可能好的服务合成。

§5.6 本章小结

Web 服务快速地改变着企业内和企业间业务过程的集成。为降低服务组合过程的手动操作量,提高服务组合流程的灵活性,提出一种抽象服务节点自动合成方法,采用一个形式化的模型 SLM 来存储服务间存在语义关系的语义链,并基于服务库建立一个语义链矩阵 SLM,SLM 提供了与服务合成相关的 Web 服务搜索空间。基于 SLM,提出一个后向搜索算法来实现抽象服务节点自动合成,当不存在相应的具体服务与抽象服务节点对应时,通过抽象服务节点自动合成可获得相应的规划,该规划完成抽象服务节点的接口功能。SLM 模型具有弹性并且基于 SLM 的后向搜索算法具有无循环搜索的特点,通过实现对抽象服务节点的自动合成,可提高服务组合的灵活性和自动性。算法分析和实验结果表明,该算法具有可行性和有效性。

第六章　基于Petri网的Web服务组合模型验证

§6.1　引言

Web服务组合需要建立可靠的表达和严密的分析方法，Petri网作为一种基于状态的形式化建模方法，具有直观、形象且有严格语义和数学分析之优点，是数据和控制流的抽象和形式化建模方法。Petri网本身提供了丰富的分析手段，能够对组合服务的结构和性能进行分析和验证，一方面可以消除异常结构，保证服务在逻辑上与实际的业务流程相等，并产生正确的结果；另一方面可以考察服务的性能，消除执行时的瓶颈问题，有效地利用资源。

Petri网有严格的数学基础，可以广泛应用于描述和研究具有并发、异步、分布、并行、非确定性和随机性质的信息系统，其提供了一种可操作语义及定性和定量分析方法[59]。在比较分析了多种建模方法后（见绪论），本章提出基于Petri网对Web服务组合进行建模的方法，以验证服务组合模型的正确性。

§6.2　基于Petri网的Web服务组合

6.2.1　基本概念与定义

为了应用Petri网验证Web服务，需将Petri网元素与Web服务的元素相对应,以达成用Petri网形式化地描述Web服务组合。依照文献[136],服务组合可以直接映射到一个Petri网,一个Web服务组合基本上是操作的一个偏序集合,本研究中组合服务的操作被建模成变迁,服务的状态被建模成place,place和变迁之间的箭头被用来指明因果联系。基于Petri网的Web服务网定义如下:

定义6.2.1.1(服务网的定义) 一个服务网SN定义为五元组,用来对服务的动态行为进行建模:SN=(P,T,W,i,o),其中:

P:有限place集,代表Web服务的状态,$P = \{p_1,p_2,\cdots,p_n\}$,$n > 0$;

T:有限变迁集,代表服务中的操作(Operation)及服务之间的操作,$T = \{t_1,t_2,\cdots,t_n\}$,$m > 0$;

W:有向弧的集合,表示服务状态和操作之间的关系且$W \subseteq (P \times T) \bigcup (T \times P)$;

I:输入place,$I = \{x \in P \bigcup T \mid (x,i) \in W\} = \varnothing$;

O:输出place,$O = \{x \in P \bigcup T \mid (o,x) \in W\} = \varnothing$;

place$i$是服务S的初始标识,当有一个token在place$i$中时,执行服务S;当有一个token在place$o$中时,终止服务S。用标识函数表示系统状态,对系统状态的演变过程进行描述,以实现对Web服务组合系统的静态特性、动态特性进行全面的建模。Web服务组合系统动态演变过程的描述是和服务网的运行规则相对应的:$t \in T$在标识M可触发,当且仅当对于任何$p \in P$,$M(p) \geqslant I(p,t)$;若$t \in T$在标识M下可触发,按照激活规则产生新标识M',$M(p) = M'(p) + W(p,t) - W(t,p)$。$M'$被称为$M$的直接可达标识,$M$称为$M_0$的可达标识当且仅当在以上运行规则下,存在一个变迁

的触发序列 $t_1,t_2,\cdots,t_n$ ，使得模型标识从 M_0 转换到 M ，所有 M_0 的可达标识称为服务网的可达集。

6.2.2　Web服务组合建模及验证

基于服务网定义（定义6.2.1.1），本章提出的基于Petri网对Web服务组合进行建模的方法包括如下几大步骤：

1）对基本控制流模式建模；

2）对具有基本控制结构的服务组合建模；

3）对复杂结构的服务组合建模；

4）生成Petri网模型；

5）模型的正确性验证与分析。

下面分别对这几大步骤进行详细介绍。

(1)对基本控制流模式建模

由文献[137]可知，服务组合流程共有六种基本的控制流模式：顺序（Sequence）、与分叉（AND-split）、与合并（AND-join）、或分叉（OR-split）、或合并（OR-join）、循环（Iteration）。其中，与分叉和与合并的使用表示一个并行执行过程，或分叉与或合并的使用表示一个选择执行过程。六种控制流模式的Petri网表示如图6.2.1所示，图中圆圈代表place，黑色的矩形表示变迁[135]。

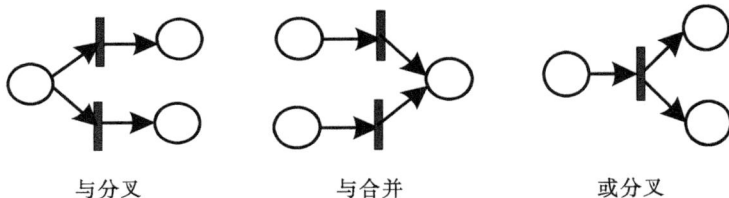

与分叉　　　　　　与合并　　　　　　或分叉

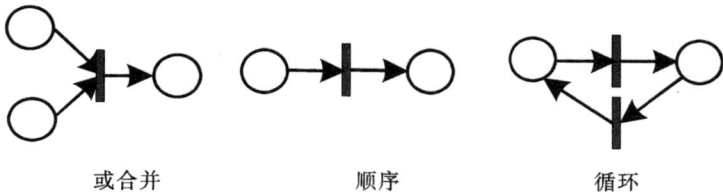

或合并　　　　　　　　顺序　　　　　　　　循环

图 6.2.1　六种控制流模式的 Petri 网表示

(2)对具有基本控制结构的服务组合建模

Web 服务组合组件由原子服务和控制结构两部分组成。基本控制结构如顺序、并行、选择、循环等。本章采用 Petri 网对基本控制流精确描述。在定义 6.2.1.1 的基础上，Web 服务组合可通过类 BNF 范式的符号进行定义[109]，代数操作符的语法如式（6.2.2.1）所示：

$$S :: = X \mid S_1 \bigcirc S_2 \mid S_1 \oplus S_2 \mid S_1 \Diamond S_2 \mid \mu S \mid S_1 \parallel_c S_2 \qquad (6.2.2.1)$$

式（6.2.2.1）的详细说明见第三章第 3.4.3（3）节。在该代数操作符基础上，用户可以根据自己的需求，提出服务组合要求。组合的 Web 服务可以通过上述的代数表达式获得。

应用 Petri 网对 Web 服务组合模型验证时，需要确认一个服务组合模型是否是合理的，相应定义如下。

定义 6.2.2.1（服务组合模型是合理的）　一个服务组合模型是合理的，则必须满足以下基本要求：

1）每个模型都存在一个输入 place$i$ 和一个输出 place$o$；

2）每个变迁 place 都在一条从输入 place$i$ 到输出 place$o$ 的路径上；

3）在任何情况下，服务组合总能最终终止；

4）在服务组合终止时，只有输出 place 中有 token，而其他 place 是没有 token 存在；

5）在组合模型中没有死组合的存在，即任何一个组合都有执行的可能。

根据以上五个要求，我们给出组合模型的图形化表示。采用 Petri 网建模时，指定服务的操作为变迁，服务的状态为 place，基于 Petri 网的 Web 服务建模方法中最小的组合单元是原子服务。在服务组合中将子服务（原子服务或组合服务）的操作当作事件（变迁），任何时刻一个服务可以处于如下状态：非实例状态（Not Instantiated）、准备好状态（Ready）、运行状态（Running）、挂起状态（Suspended）和完成状态（Finished）。本章服务组合中处于"ready"状态的服务被组合（在该服务的输入 place 中有一个 token），当服务处于"finished"状态时表示服务被组合成功（在该服务的输出 place 中有一个 token），子服务 S_1 和 S_2 的操作执行使得服务的状态（place）发生了改变。

基于服务组合模型的合理性定义（定义 6.2.2.1），给出式（6.2.2.1）中几种结构的 Petri 网图形化表示，分别如下：

1）组合服务 $S_1 \odot S_2$ 的 Petri 网图形化表示如图 6.2.2 所示。

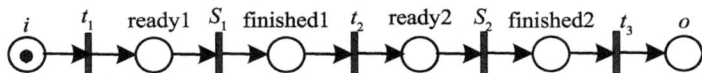

图 6.2.2　组合服务 $S_1 \odot S_2$

2）组合服务 $S_1 \oplus S_2$ 的 Petri 网图形化表示如图 6.2.3 所示。

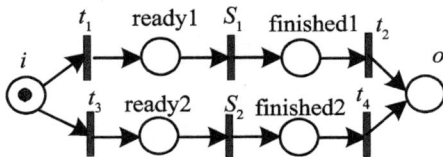

图 6.2.3　组合服务 $S_1 \oplus S_2$

3）组合服务 $S_1 \lozenge S_2$ 的 Petri 网图形化表示如图 6.2.4 所示。

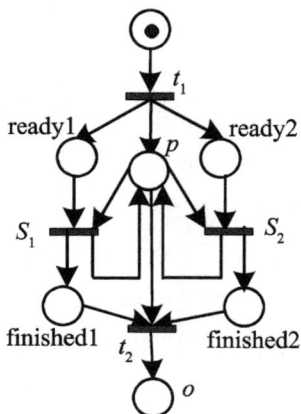

图 6.2.4 组合服务 $S_1 \diamond S_2$

4）组合服务 μS 的 Petri 网图形化表示如图 6.2.5 所示。

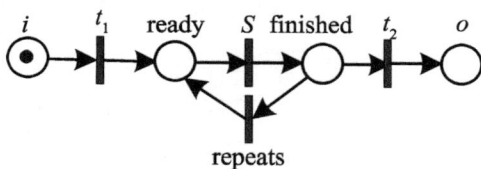

图 6.2.5 组合服务 μS

5）组合服务 $S_1 \|_c S_2$ 的 Petri 网图形化表示如图 6.2.6 所示，两个子服务间有可能有信息通信，placem 用来存放通信信息。

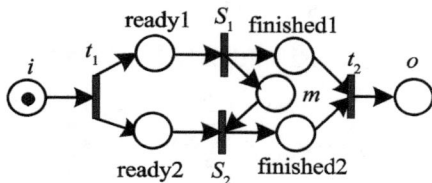

图 6.2.6 组合服务 $S_1 \|_c S_2$

(3)对复杂结构的服务组合建模

由上述基本控制结构可构成复杂的服务组合, 如 $(S_1 \oplus S_2 \oplus \cdots \oplus S_n) \odot S$, 其 Petri 网图形化表示如图 6.2.7 所示。该组合服务表示先执行原子服务集合中的某个 $S_i(i \in 1, 2, \cdots, n)$, 再执行 S 后形成的组合服务。

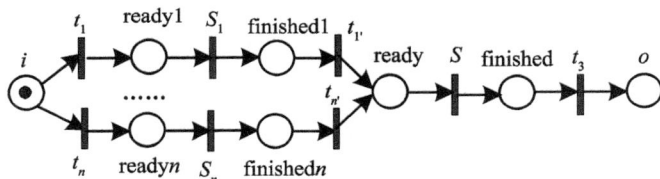

图 6.2.7　组合服务 $(S_1 \oplus S_2 \oplus \cdots \oplus S_n) \odot S$

从 n 个原子服务中选择最优的原子服务的过程将根据价格, 递交时间和可靠性能等因素来判断。

(4)生成 Petri 网模型

在服务组合时需要通过 Petri 网的分析技术来对组合服务进行验证分析, 因此需要生成组合服务的 Petri 网模型。下面给出生成 Petri 网模型的算法, 步骤如下:

1)确定待组合的 Web 服务数、各服务的操作以及控制流;

2)产生一个初始服务状态, 并加上一个标记, 作为初始子网;

3)for j=1 to M　/*待组合服务中有 M 个操作模块*/

①按控制流选择一个操作模块;

②给每个操作分配一个随机操作时间, 操作时间满足指数分布的概率分布;

③将操作连接到已存在的子网中去。

4)为每种服务状态创建相应的状态位置;

5)使用如下方法将服务状态加入操作中去:

①选择一个服务状态位置;

②按控制流将此状态分配给相应的服务操作,分配时用输出弧将状态位置和操作位置的输入变迁相连,用输入弧将状态和操作位置的输出变迁相连;

③重复步骤5),直到将控制流所有操作位置都分配了服务状态。

在程序实现中,算法程序的输出就是产生的服务组合的Petri网模型,它们是用伴随矩阵 L^+ 和 L^-、初始标识 M_0、终止标识 M_f 和操作时间向量 τ 来描述的。

(5)模型的正确性验证与分析

Web服务组合是否能正确终止非常重要,可通过Petri网技术对活性和有界性的验证来决定服务组合是否正常结束,通过是否具有完全可达性、完整性和前进性来验证Web服务组合模型的正确性。下面给出有关定义。

定义6.2.2.2(可达性) 可达性是指若从初始标识 M_0 出发触发一个变迁序列产生标识 M_r,则称 M_r 是从 M_0 可达的。所有从 M_0 可达的标识集合称为可达标识集或可达集,记为 $R(M_0)$。

定义6.2.2.3(有界性) 有界性是指给定Petri网以及其可达集 $R(M_0)$,对于位置 $p \in P$,若 $\forall m \in R(M_0)$,$M(p) \leqslant k$,则称 p 是 k 有界的,此处 k 为正整数;若Petri网的所有位置都是 k 有界的,则Petri网是 k 有界。

定义6.2.2.4(活性) 活性是指对于一个变迁 $t \in T$,在任一

个标识 $M \in T$ 下,若存在某一变迁序列 Ser,该变迁序列的触发使得此变迁 t 可触发,则称该变迁是活性的。若一个Petri网的所有变迁都是活性的,则称该Petri网是活性的。

定义6.2.2.5(完整性)　完整性是指Petri网所有的状态都是可达的。

定义6.2.2.6(前进性)　前进性是指每次触发都将逐步推向终态,可达树中不会出现无限的循环。

同时具有上述5个性质的Petri网不会出现停滞不前的状态,执行中所处的状态及等待的消息是有限的,不会出现死锁,文献[138]对之有比较详细的证明。

对于应用Petri网所建模的服务组合,我们可采用可达树、不变量分析、约简法等方法进行分析,对小型的系统可以采用Petri网的可达树、不变量分析等方法,其中可达树分析法直观简捷,可方便地分析系统的可达性、有界性、活性等各种动态特性。Petri网的大部分特性可以由可达树来进行验证,其基本思想就是将可到达的标识作为节点,变迁的触发作为连接弧,来构造一棵树,在构造树的过程中,检查服务组合的状态和其中place的token数目以实现对流程模型的验证。

当服务组合只关心系统可能的状态时,可达标识集可以满足这类问题的要求。给定一个以 M_0 为初始标识的Petri网PN,我们可以从 M_0(根结点)开始计算而得到新标识,从这些新的标识,又可得到更多的标识,重复进行这个过程的结果可得到一棵可达树。节点就是从 M_0 产生的后继标识,弧代表从一个标识到另一个标识的变迁激发。可达树用来描述从初态 M_0 开始的所有可能到达的状态,结点代表 M_0 及其可达的后继,其中树根为

M_0，树叶对应着系统的终态，弧代表相应的变迁。从树根到某结点的路径代表着从初态变迁到该状态[7]。利用可达树算法生成可达树后，任何发生序列都可通过在图上执行搜索获得。

1）对具有基本控制结构的服务组合验证分析。

通过对图 6.2.4 所示的组合服务 $S_1 \diamond S_2$ 构造可达树，并基于可达树，分析该服务组合的正确性。可达树如图 6.2.8 所示：

$M_i = (i, ready_1, ready_2, finish_1, finish_2, p, o)$ 。

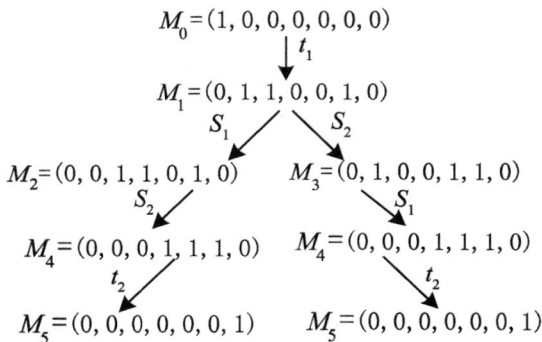

$$M_0 = (1, 0, 0, 0, 0, 0, 0)$$
$$\downarrow t_1$$
$$M_1 = (0, 1, 1, 0, 0, 1, 0)$$

$S_1 \swarrow \qquad \searrow S_2$

$$M_2 = (0, 0, 1, 1, 0, 1, 0) \qquad M_3 = (0, 1, 0, 0, 1, 1, 0)$$

$S_2 \searrow \qquad\qquad\qquad S_1 \searrow$

$$M_4 = (0, 0, 0, 1, 1, 1, 0) \qquad M_4 = (0, 0, 0, 1, 1, 1, 0)$$

$t_2 \swarrow \qquad\qquad\qquad\qquad t_2 \searrow$

$$M_5 = (0, 0, 0, 0, 0, 0, 1) \qquad M_5 = (0, 0, 0, 0, 0, 0, 1)$$

图 6.2.8　组合服务 $S_1 \diamond S_2$ 的可达树

①该组合服务是完全可达的。从 M_0 开始的状态可达集 $R(M_0) = \{M_0, M_1, M_2, M_3, M_4, M_5\}$ 。状态集 $MS = \{M_0, M_1, M_2, M_3, M_4, M_5\}$ 。因此，对任一个标记 $M_i \in MS$ ，均有 $M_i \in R(M_0)$ ，即组合服务 $S_1 \diamond S_2$ 中任何一个状态都是从 M_0 可达。如果对任一个标记 $M_i \in MS$，存在 $M_i \notin R(M_0)$ ，则称组合服务不可达。

②该组合服务具有有界性。在可达树中，每一个位置上的 token 数从未超过 1。因此该组合服务是安全的。

③该组合服务是活性的。从可达树可以看出，从 M_0 开始，$\forall t_i \in T$ （T 是所有变迁的集合）都至少可以被从 M_0 开始的激发序

列激发一次。因此,该组合服务的 Petri 网是活性的。

④该组合服务具有完整性。由可达树可见,组合服务的所有状态都从 M_0 可达,并且可以激发转移到终止状态 M_5。

⑤该组合服务具有前进性。在可达树中,任意状态之间没有出现无意义的循环。

同理,对 $S_1 \| S_2, S_1 \bigcirc S_2, S_1 \oplus S_2$ 及 μS 的类似分析可知,这些基本的服务组合都能满足可达性、有界性、活性、完整性和前进性的要求。

2)对复杂结构服务组合进行验证分析。

服务组合模型中的服务可分为两种:不可再分的原子服务和可以进一步划分的复合服务,其中复合服务中还可以含有复合服务。对于一个复杂的或较大规模的组合过程,本研究采取层次建模方法描述该复杂服务组合模型。层次模型方法可以带来以下优点:①隐藏子网内部结构,使得在建模时集中于相应的抽象层次;②对于有相同结构的子网,不必重复建模和分析;③使组合服务模型具有良好的结构,便于对其分析、处理[25]。可以逐步地分层建模验证,从高层到低层地进行,可以先对具有基本控制结构的服务组合(子网)的可达性、有界性、活性、完整性及前进性进行验证后,再对整个的组合服务进行建模验证。由控制结构的可组合性(定义 3.4.3.3)可知,由基本控制结构有限次地组合后的复合服务仍然是系统中的服务,而该复合服务中的各基本的控制结构所实现的服务组合都能满足可达性、有界性、活性、完整性和前进性的要求,因此,所形成的复合服务也必满足同样的要求。

§6.3 基于 Petri 网的 Web 服务组合实例分析

由于 Web 服务的独立性和自治性,当将多个 Web 服务进行服务组合以完成一个业务流程时,需要在建立阶段保证组合服务的正确性。下面以订单服务业务流程建模和相关服务的组合为例,其图形化表示如图 6.3.1 所示。

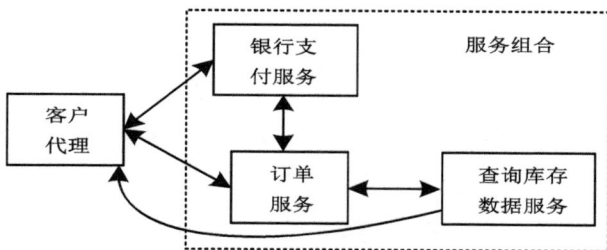

图 6.3.1　Web 服务组合实例分析

订单服务接受客户代理的请求并根据订单的数据,调用查询库存数据服务以获取是否有满足客户订单需求的货物,当确认查找到的数据满足客户的需求时,向客户代理发送确定信息,客户代理再通过银行支付服务达到实现支付操作的目的,订单服务确认客户代理的银行支付已成功,执行向客户发送订单服务完成的操作。该实例的 Petri 网表示如图 6.3.2 所示。

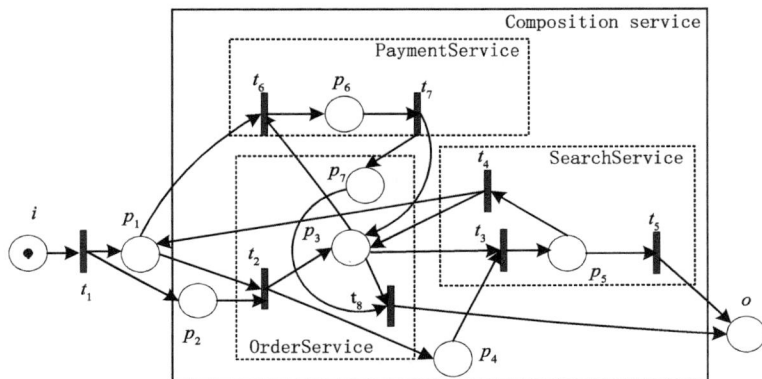

图 6.3.2 Web 服务组合实例的 Petri 网表示

Petri 网为服务组合实例建模时,用到了顺序、选择和循环组合结构。图 6.3.2 所示的 Petri 网中 place 和变迁的含义如表 6.3.1 所示。

表 6.3.1 Petri 网中 place 与变迁的含义

place	变迁
i 服务的初始标识	t_1 启动客户代理操作
p_1 客户代理启动成功状态	t_2 订单执行操作
p_2 服务合成辅助状态	t_3 查询库存数据操作
p_3 订单服务执行状态	t_4 查询结果满足订单要求,返回结果
p_4 服务合成辅助状态	t_5 查询结果不满足订单要求,结束组合
p_5 查询库存数据服务成功状态	t_6 执行银行支付操作
p_6 银行支付服务执行成功状态	t_7 订单服务执行确认操作
p_7 订单服务执行成功状态	t_8 订单执行成功操作
o 服务的结束状态	

对该组合服务的 Petri 网构造可达树,如图 6.3.3 所示。

$M_i = (i, p_1, p_2, p_3, p_4, p_5, p_6, p_7, o)$。

$$M_0 = (1, 0, 0, 0, 0, 0, 0, 0, 0)$$

t_1 ↓

$$M_1 = (0, 1, 1, 0, 0, 0, 0, 0, 0)$$

t_2 ↓

$$M_2 = (0, 0, 0, 1, 1, 0, 0, 0, 0)$$

t_3 ↓

$$M_3 = (0, 0, 0, 0, 0, 1, 0, 0, 0)$$

t_4 ↙   ↘ t_5

$$M_4 = (0, 1, 0, 1, 0, 0, 0, 0, 0) \qquad M_7 = (0, 0, 0, 0, 0, 0, 0, 0, 1)$$

t_6 ↙

$$M_5 = (0, 0, 0, 0, 0, 0, 1, 0, 0)$$

t_7 ↙

$$M_6 = (0, 0, 0, 1, 0, 0, 0, 1, 0)$$

t_8 ↙

$$M_7 = (0, 0, 0, 0, 0, 0, 0, 0, 1)$$

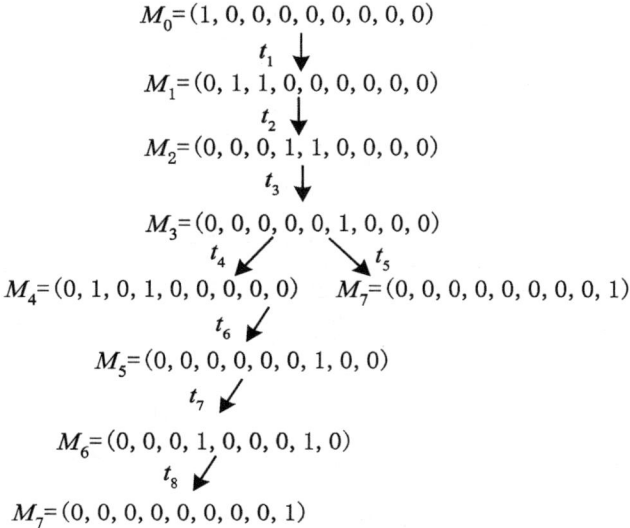

图 6.3.3　组合服务实例的可达树

对该可达树进行可达性、有界性、活性、完整性及前进性分析如下：

1）该组合服务是完全可达的。从 M_0 开始的状态可达集 $R(M_0) = \{M_0, M_1, M_2, M_3, M_4, M_5, M_6, M_7\}$。状态 $MS = \{M_0, M_1, M_2, M_3, M_4, M_5, M_6, M_7\}$。可见，对任何一个标记 $M_i \in MS$，均有 $M_i \in R(M_0)$，即该组合服务中任一个状态都是从 M_0 可达。

2）该组合服务是有界的。在可达树中，每一个位置上的token数未超过1。因此该组合服务是安全的。

3）该组合服务是活性的。从可达树可以看出，从 M_0 开始，$\forall t_i \in T$（T 是所有变迁的集合）都至少可以被从 M_0 开始的激发序列激发一次。可见该组合服务的 Petri 网是活性的。

4）该组合服务具有完整性。由可达树可见，该组合服务的

所有状态都从 M_0 可达并且可以激发转移到终止状态 M_7。

5）该组合服务具有前进性。在可达树中，任意状态间没有出现无意义的循环。

由上述分析可知，该服务组合实例满足正确性要求，并且由定义 6.2.2.1 可知，该服务组合模型是合理的。

§6.4　仿真实验

对已经建立好的 Web 服务组合流程，我们利用 DaNAMiCS 工具进行仿真，对图 6.3.2 所示的服务组合模型实例进行验证，以检测流程建立的正确性，部分验证结果如图 6.4.1 所示。

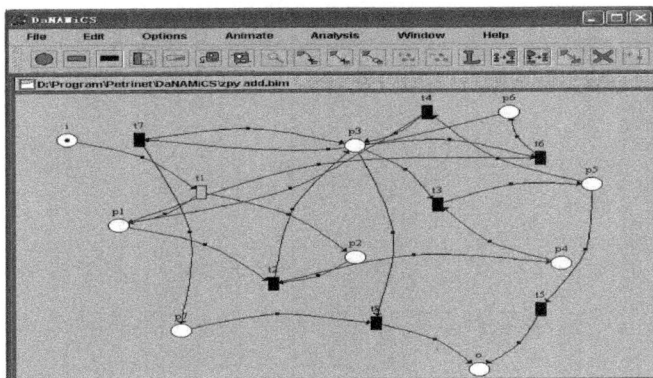

图 6.4.1　仿真界面

图 6.4.1 主要是对服务组合流程的控制流进行仿真，该图中，圆圈为 Petri 网中的 place，表示服务组合流程中服务的状态，黑色方块为 Petri 网中的变迁，表示服务操作。图 6.4.1 仿真实验执行的结果如图 6.4.2 所示。

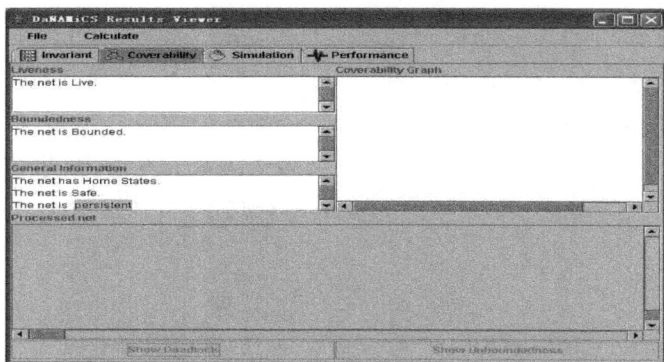

图 6.4.2　仿真实验结果

图 6.4.2 表明图 6.4.1 中的 Petri 网所建模的服务组合（对应图
6.3.2）是活性的、有界的、安全的，并具有持久稳固性，进而表明
图 6.3.2 中服务组合建模的正确性。通过仿真实验，可以检查与
防止服务组合流程中诸如死锁、冲突等不期望的系统行为特性。

§6.5　本章小结

本章分析了形式化方法 Petri 网的优势，Petri 网作为一种基
于状态的形式化建模方法，具有直观、形象、严格语义和数学分
析的优点，且 Petri 网易于表达顺序、并行、选择等控制结构，使用
该形式化建模方法可有效地分析 Web 服务组合的性质、检验组
合服务是否有界及是否存在死锁等。本章提出了基于 Petri 网对
Web 服务组合进行建模及验证的方法，基于 Petri 网给出服务网
定义并对 Web 服务组合进行描述，对几种基本的控制流模式及
具有基本控制结构的服务组合进行 Petri 网建模表示，提出服务
组合的 Petri 网模型的生成算法，并对具有基本控制结构的组合

服务的可达性、安全性、有界性、活性、完整性和前进性等特性进行了验证分析,最后给出实例分析。建模分析及仿真结果表明了该方法的正确性与可行性。

第七章　结论与展望

分布式环境下 Web 服务组合逐步成为一个重要的研究方向,主要体现在服务组合的建立阶段和运行阶段,本研究主要研究建立阶段的一些主要问题。

本章在回顾本研究的主要工作和研究结论的基础上,进而讨论了本研究的不足之处和需要进一步研究的问题。

§7.1　研究结论

本研究主要研究新型分布式环境下 Web 服务组合,针对服务组合建立时存在的一些典型问题,包括服务选择、抽象服务节点的自动合成及服务组合的验证,并给出了一些相应的策略和方法。本研究主要完成了以下工作:

1)针对基于语义的 Web 服务组合中局部最优服务选择问题,提出了一种基于语义的 Web 服务混合选择策略。在实现基于服务操作匹配的服务选择时,我们着重研究了多种控制结构的服务组合匹配问题,在选择的过程中同时关注服务的功能属性及非功能属性(QoS),并且充分考虑服务操作间的语义关联,通过操作间的语义匹配完成服务的语义选择。在语义匹配的基础上,当存在多个功能相同的候选服务时,通过服务的 QoS 属性进行较优候选服务的选择。该混合选择策略兼顾语义匹配度和 QoS 值进行局部最优服务选择,可减少候选服务的数目,提高服务选择的精度。其实验结果表明,该方法具有较好的召回率和准确率。

2)针对 QoS 全局感知的 Web 服务组合问题,提出了基于最优化理论的服务组合方法。该方法为满足整个抽象服务组合流程的 QoS 约束及语义匹配要求,从整个抽象服务组合流程上考虑服务的选择问题,给出了基于语义的服务组合 QoS 模型,构造了基于遗传算法的两种不同的目标函数且目标函数在构造过程中着重于多 QoS 约束及组合服务的语义匹配度,将全局优化组合问题转化为一个带有多约束条件的目标优化问题。该方法与局部最优服务选择方法相互补,兼顾了整个服务组合流程的语义及 QoS 约束,并可解决服务组合爆炸问题。由算法分析与实验结果表明,基于语义与 QoS 感知的服务匹配算法是可行及有效的。

3)针对抽象服务节点的服务组合问题,提出了基于语义链矩阵(SLM)的抽象服务节点自动合成方法。该方法适用于抽象服务节点由于没有对应的具体服务而只能采用合成的方式实现其接口功能的场合。首先基于服务库建立一个语义链矩阵,然后基于该矩阵,针对抽象服务节点采用后向搜索算法实现抽象服务节点自动合成,以获得有效的规划,从而实现满足抽象服务接口功能的大粒度合成服务。该方法可在抽象服务组合流程的抽象服务节点实现自动合成,从而增加了服务组合流程的灵活性和自动性。由分析和实验结果表明该方法的可靠性和有效性。

4)针对服务组合验证问题,提出了基于 Petri 网的服务组合建模与验证方法,给出服务网的定义,对几种基本的控制流模式及具有基本控制结构的服务组合模型进行Petri网建模表示并进而达到对复杂服务组合的建模,提出服务组合Petri网模型的生成算法。通过Petri网本身所提供的丰富的分析手段,对组合服务的结构和性能进行分析和验证,达到消除异常结构,保证服务组合在逻辑上与实际的业务流程相等,并产生正确执行的结果。

§7.2　进一步的研究工作

需要进一步研究的工作,总结如下:

1)基于语义匹配的Web服务混合选择问题的研究。

本研究的服务匹配仅考虑了接口间的语义匹配,包括服务操作的输入参数匹配、输出参数匹配及IO匹配,对于其他语义匹配问题及如何进一步提高服务语义匹配性能都是下一步要研究的问题。另外在进行混合选择时,只考虑到了服务的四种QoS属性(服务价格、执行时间、服务可用性和执行的可靠性),我们将在该领域继续深入研究,进一步探索提高服务选择精确度的途径并增加其他QoS指标对服务选择的支持。

2)QoS全局感知的Web服务组合问题的研究。

当一个流程被建立后,如果在相对静态的环境中及服务组合流程不需再造的情况下,采用该方法实现全局最优服务选择后,则组合方案相对稳定,但是若在动态环境下,则需要多次调用该优化方法重新获取组合方案,因此,需要进一步探索如何提高组合方案的自适应性问题。

3)抽象服务节点自动合成问题的研究。

抽象服务节点自动合成是一个比较复杂的问题,现实世界中可能存在非常复杂的业务流程交互模式，可能存在多种控制结构，服务流程中应该有完善的出错补偿、安全和事务控制等，目前的自动合成方法对这些的支持还并不完善。另外，我们需进一步研究的是如何在考虑服务数量增大时，更加有效地进行抽象服务节点的自动合成问题。

4）基于Petri网的Web服务组合验证问题的研究。

由于组合服务的正确性是服务的一个重要保证，正确性验证将是一个重要的研究方向。本文采用Petri网验证服务组合模型是否是合理的，通过对服务组合进行建模，并应用Petri网的可达图对之进行分析。在大规模服务组合模型时，应用可达图的方法效率不高，下一步的工作是分析复杂的服务组合任务及建立更加完善的模型验证分析方法。

分布式环境下Web服务组合动态协同是一个多学科交叉的研究领域，由于对语义网、最优化理论、服务组合等领域的理论、方法的认识还不够深入，因此，在如何结合应用多领域知识来解决问题方面还存在很多的研究空间。

参考文献

［1］COLAN M. 面向服务的体系结构扩展 Web 服务的前景［EB/OL］.（2004-04-01）［2016-04-05］. http://www. ibm. com/developerworks/cn/webservices/ws-soaintro. html.

［2］曹雷. 基于 Agent 的网格工作流技术研究［D］. 上海：上海交通大学, 2007.

［3］胡海涛. 支持业务级、大粒度服务组合的知识管理与主动推荐［D］. 北京：中国科学院研究生院, 2006.

［4］史玉良. Web 服务合成的若干关键技术研究［D］. 上海：复旦大学, 2006.

［5］KREGER H. Web 服务概念性体系结构（Web Services Conceptual Architecture）［EB/OL］.（2001-05-01）［2016-02-05］. http://www. ibm. com/developerworks/cn/webservices/ws-wsca/part1/.

［6］邓水光. Web 服务自动组合与形式化验证［D］. 杭州：浙江大学, 2007.

［7］KEVIN L. Web Services Business Process Execution Language Version 2. 0［EB/OL］.（2004-05-04）［2016-05-07］. http://www. oasis-open. org/committees/download. php/16024/wsbpel-specification-draft-Dec-22-2005. htm.

［8］BECHHOFER S, HORROCKS I, TURI D. Web Service Choreography Interface（WSCI）1. 0［EB/OL］.（2002-09-08）［2016-05-08］. https://www. w3. org/TR/wsci/.

［9］KAVANTZAS N. Web Services Choreography Description Lan

guage Version 1. 0 [EB/OL]. (2005-09-08) [2016-05-08]. http://
www. w3. org/TR/ws-cdl-10/.

[10] BENATALLAH B, DUMAS M, SHENG Q Z. The SELF-
SERV Environment for Web Services Composition [J]. IEEE Internet
Computing, 2003, 7(1): 40-48.

[11] CARDOSO J, SHETH A. Semantic E-Workflow Composition
[J]. Jourrnal of Intelligent Information Systems, 2003, 21 (3): 191-
225.

[12] CHADRASEKARAN S, MILLER J A, SILVER G, et al.
Composition, Performance Analysis and Simulation of Web Services
[J]. The International Journal of Electronic Commerce and Business
Media, 2003: 42-47.

[13] HAN Y, ZHAO Z, LI G, et al. CAFISE: An Approach En-
abling On-Demand Configuration of Service Grid Applications [J].
Journal of Computer Science and Technology, 2003, 18(4): 484-494.

[14] MAJITHIA S, SHIELDS M, TAYLOR I, et al. Triana: A
Graphical Web Service Composition and Execution Toolkit [C]. Inter-
national Conference on Web Services, 2004.

[15] DENG S G, WU Z H, LI K, et al. Managing Serviceflow in a
Flexible Way [C]. The Fifth International Conference on Web Informa-
tion Systems Engineering, 2004.

[16] AGGARWAL R, VERMA K, MILLER J, et al. Dynamic
Web Service Composition in METEOR-S [EB/OL]. (2004-01-05)
[2016-04-06]. http://lsdis. cs. uga. edu/lib/download/ieee-scc-2004.
pdf.

[17]于守健. 基于 Web 服务组合的业务流程集成关键技术研究[D]. 上海:东华大学,2005.

[18]ORRIENS B, YANG J, PAPAZOGLOU M. A Framework for Business Rule Driven Service Composition[C]//Proc. Of the 4th Internation Workshop on Conceptual Modeling Approaches for E-business Dealing with Business Volatility. Berlin:Springer-Verlag,2003:14-27.

[19]RAO J, KÜNGAS P, MATSKIN M. Application of linear logic to web service composition[C]. The First International Conference on Web Services,2003.

[20]RAO J, KÜNGAS P, MATSKIN M. Logic-based web services composition:from service description to process model[C]. In The Third International Conference on Web Services,San Diego,USA,July 2004.

[21]ARPINAR B, ALEMAN-MEZA B, ZHANG R, et al. Ontology-Driven Web Services Composition Platform[C]. Proceedings of the IEEE International Conference on E-Commerce Technology,2004.

[22]张佩云,孙亚民. 动态 Web 服务组合研究[J]. 计算机科学,2007,34(5):4-7,24.

[23]AGARWAI V, DASGUPTA K, KARNIK N, et al. A Service Creation Environment Based on End to End Composition of Web Services[C]. Proceedings of THE 14TH INTERNATIONAL conference on World Wide Web,2005:128-137.

[24]TAO T, RABHI F, YU H, et al. Serviee Oriented Business Proeess Development Using BPEL:A Case Study[C]. Australian Undergraduate Students Computing Conferenee,2005.

［25］李景山. 普及计算环境中动态服务组合关键技术的研究［D］. 北京:中国科学院研究生院,2004.

［26］CASATI F,ILNICKI S,JIN L J. Adaptive and Dynamic Service Composition in EFIow［EB/OL］.（2000-03-09）［2016-05-13］. http://www. hpl. hp. com/techreports/2000/HPL-2000-39. pdf.

［27］PAOLUCCI M,KAWAMURA T,PAYNE T R,et al. Semantic Matching of Web Services Capabilities［C］. Proceedings of the First International Semantic Web Conference on The Semantic Web,2002:333-347.

［28］WANG S,SHEN W,HAO Q. Agent based workflow ontology for dynamic business process composition［C］. Proceedings of the Ninth International Conference on Computer Supported Cooperative Work in Design,Volume 1,2005:452-457.

［29］DANIEL J,MANDELL,SHEILA A. Adapting BPEL4WS for the Semantic Web:The Bottom-Up Approach to Web Service Interoperation［C］. Proceedings of ISWC´03,Florida,USA,2003:227-247.

［30］刘必欣,王玉峰,贾焰, 等. 一种基于角色的分布式动态服务组合方法［J］. 软件学报,2005,16(11):1659-1687.

［31］AVERSANO L,CANFORA G,LUCIA A D,et al. Business process reengineering and workflow automation: a technology transfer experience［J］. Journal of Systems and Software,2002,63(1):29-44.

［32］PATEL C,SUPEKAR K,LEE Y. Provisioning Resilient,Adaptive Web Services-based Workflow: A Semantic Modeling Approach［C］. IEEE International Conference on Web Services（ICWS´04）,2004:480.

［33］杨文军. Web 服务组装关键技术研究［D］. 北京：清华大学，2007.

［34］汤景凡. 动态 Web 服务组合的关键技术研究［D］. 杭州：浙江大学，2006.

［35］SRIVASTAVA B. Automatic web services composition using planning［C］. Proceedings of 3rd International Conference on Knowl-edge-Based Computer Systems，2002：467-477.

［36］SIRIN E，PARSIA B，WU D，et al. HTN Planning for Web Service Composition Using SHOP2［C］. Proceedings of 2nd Interna-tional Semantic Web Conference（ISWC2003），Sanibel Island，Flori-da，USA，2003：20-23.

［37］RUSSELL S，NORVIG P. Artificial Intelligence-A Modern Approach（Second Edition）［M］. Pearson，2004：1-46.

［38］KUTER U，SIRIN E，PARSIA B，et al. Information gather-ing during planning for Web Service composition［J］. Journal of Web Semantics，2005：183-205.

［39］WU D，PARSIA B，SIRIN E，et al. Automating DAML-S web services composition using SHOP2［C］. Proceedings of 2nd Inter-national Semantic Web Conference （ISWC2003），Sanibel Island，Florida，October，2003：195-210.

［40］SIRIN E. Automated Composition of Web Services using AI Planning Techniques ［EB/OL］. (2004-01-01)［2016-05-04］. http://www. cs. umd. edu/Grad/scholarlypapers/papers/aiplanning. pdf.

［41］WU D，PARSIA B，SIRIN E，et al. HTN planning for Web Service composition using SHOP2［C］. Web Semantics:Science，Services and Agents on the World Wide Web, 2004: 337–379.

[42] MADHUSUDAN T, UTTAMSINGH N. A declarative approach to composing Web services in dynamic environments [J]. Decision Support Systems, 2006, 41(2): 325–357.

[43] NARAYANAN S, MCILRAITH S A. Simulation, verification and automated composition of Web services [C]. Proceedings of the 11th international conference on World Wide Web, 2002: 77–88.

[44] SUN H Y, WANG X D, ZHOU B, et al. Research and Implementation of Dynamic Web Services Composition [C]. APPT 2003, LNCS 2834, Berlin: Springer–Verlag, 2003: 457–466.

[45] MEDJAHED B, BOUGUETTAYA A, ELMAGARMID A K. Composing Web Services on the Semantic Web [J]. The VLDB Journal The International Journal on Very Large Data Bases, 2003, 12(4): 333–351.

[46] LIU J M, CHEN H F, GU N. Web services automatic composition with minimal execution price Web Services [C]. 2005 (ICWS2005), IEEE International Conference, 2005: 302–309.

[47] 沈浴竹, 向勇, 史美林, 等. 扩展 BPEL4WS 实现基于语义的服务流程动态细化 [J]. 通信学报, 2006, 27(11): 106–112.

[48] 邓水光, 吴健, 李莹, 等. 基于回溯树的 Web 服务自动组合 [J]. 软件学报, 2007, 18(8): 1896–1910.

[49] HASHEMIAN S V, MAVADDAT F. A graph–based framework for composition of stateless Web services [C]. Process of the European Conference on Web Services. Zürich: IEEE Computer Society, 2006: 75–86.

[50]郑永清,梁伟.一种基于匹配策略的 Web 服务组合方法 [J].计算机科学,2005,32(9):127-130.

[51]李景山,廖华明,侯紫峰,等.普及计算中基于接口语义 描述的动态服务组合方法[J].计算机研究与发展,2004,41(7): 1124-1134.

[52]王丰锦.基于语义 Web 服务的动态服务组合技术研究 [D].北京:中国科学院研究生院,2003.

[53]韩永国,孙世新.动态服务组合构造与最优组合服务算 法研究[J].计算机科学,2005,32(12):104-105,139.

[54]刘方方.Web 服务合成与可用性的若干关键技术研究 [D].上海:复旦大学,2007.

[55]吴钊.保证服务质量的动态 Web 服务组合及其性能分 析研究[D].武汉:武汉大学,2007.

[56]廖军,谭浩,刘锦德.基于 Pi-演算的 Web 服务组合的描 述和验证[J].计算机学报,2005,28(4):635-643.

[57]HAMADI R,BENATALLAH B. A Petri-Net-Based Model for Web Service Composition [C]. Proc. 14th Australasian Database Conf. Database Technologies, ACM Press, 2003:191-200.

[58]NARAYANAN S,MCILRAITH S. Analysis and simulation of Web services [J]. Computer Networks (S1389-1286), 2003, 22 (5):675-693.

[59]郭玉彬,杜玉越,奚建清.Web 服务组合的有色网模型 及运算性质[J].计算机学报,2006,29(7):1067-1075.

[60]钱柱中,陆桑璐,谢立.基于 Petri 网的 Web 服务自动组 合研究[J].计算机学报,2006,29(7):1057-1066.

［61］YANG Y, TAN Q, XIAO Y, et al. Exploiting hierarchical CP-nets to increase reliability of web services workflow［C］. In Proceeding of the International Symposium on Applications and the Internet, Phoeniz, AZ, USA, IEEE, 2006: 116-122.

［62］OUYANG C, VAN DER AALST W M P, BREUTEL S, et al. Formal semantics and analysis of control flow in WS-BPEL［R］. Report BPM-05-15, BPM Center, 2005.

［63］OUYANG C, VAN DER AALST W M P, BREUTEL S, et al. WofBPEL: A tool for automated analysis of BPEL processes［C］. Proceedings of the 3rd International Conference on Service-Oriented Computing, Berlin: Springer-Verlag, 2005: 484-489.

［64］MILNER R. Communicating and Mobile Systems: The［Pi］-Calculus［M］. Cambridge : Cambridge University Press, 1999.

［65］BOLOGNESI T, BRINKSMA E. Introduction to the ISO specification language LOTOS［C］. Computer Networks, 1987, 14: 25-59.

［66］BORDEAUX L, SALAUN G. Using process algebra for web services: Early results and perspectives［C］. Proceedings of the 5th International Workshop on Technologies for E-Services, volume 3324 of Lecture Notes in Computer Science, Berlin: Springer- Verlag, 2004: 54-68.

［67］RAO J, KÜNGAS P, MATSKIN M. Composition of Semantic Web services using Linear Logic theorem proving［J］. Information System, 2006(31): 340-360.

［68］BULTAN T, FU X. Conversation Specification: A New Approach to Design and Analysis of E-Service Composition［C］. Proceedings of the 12th international conference on World Wide Web, 2003.

[69] FU X, BULTAN T, SU J W. Analysis of Interacting BPEL Web Services [C]. Proceedings of the 13th international conference on World Wide Web, 2004: 621-630.

[70] WOMBACHER A, FANKHAUSE P, NEUHOLD E. Transforming BPEL into annotated deterministic finite state automata for service discovery [C]. Proceedings of IEEE International Conference on Web Services, 2004.

[71] 黄波. 基于Petri网的FMS建模与调度研究[D]. 南京:南京理工大学, 2006.

[72] VAN DER AALST W M P. Pi Calculus Versus Petri Nets-Let us eat "humble pie" rather than further inflate the "Pi hype" [DB/OL]. (2007-02-06) [2016-05-14]. http://tmitwww. tm. tue. nl/research/patterns/download/pi-hype. pdf.

[73] AKKIRAJU R, SRIVASTAVA B, GOODWIN R, et al. Semaplan: combining planning with semantic matching to achieve Web service composition [R]. AI-Driven Technologies for Services-Oriented Computing- Papers from the AAAI Workshop, Technical Report, 2006: 1-8.

[74] STUDER R, BENJAMINS V R, FENSEL D. Knowledge Engineering, Principles and Methods [J]. Data and Knowledge Engineering, 1998, 25(122): 161-197.

[75] BRICKLEY D, GUHA R V. RDF Vocabulary Description Language 1. 0: RDF Schema[J]. (2014-02-25) [2016-05-14]. http://www. w3. org/TR/rdf-schema/.

［76］MCGUINNESS D L, VAN HARMELEN F. OWL Web Ontology Language Overview［J］.（2009-11-12）［2016-05-14］. http://www. w3. org/TR/owl-features/.

［77］张佩云,孙亚民,吴江. 基于本体的知识检索研究及实现［J］. 情报学报,2006,25（5）:553-558.

［78］NAING M M, LIM E P, HOE-LIAN D G. Ontology-based Web Annotation Framework for Hyperlink Structures［C］. In Proceedings of the International Workshop on Data Semantics in Web Information Systems（DASWIS′02）, Singapore, 2002:10.

［79］卢开澄,卢华明. 图论及其应用［M］. 2版. 北京:清华大学出版社,1997.

［80］严蔚敏,吴伟民. 数据结构［M］. 北京:清华大学出版社,1997.

［81］袁亚湘,孙文瑜. 最优化理论和方法［M］. 北京:科学出版社,1999.

［82］解可新,韩健,林友联. 最优化方法［M］. 修订版. 天津:天津大学出版社,1994.

［83］王小平,曹立明. 遗传算法-理论、应用与软件实现［M］. 西安:西安交通大学出版社,2003:118-119.

［84］玄光男,程润伟. 遗传算法与工程优化［M］. 北京:清华大学出版社,2004.

［85］袁崇义. Petri 网原理与应用［M］. 北京:电子工业出版社,2005.

［86］CARDELLINI V, CASALICCHIO E, GRASSI V, et al. Scalable service selection for Web service composition supporting differentiated QoS classes [R]. Technical Report RR–07. 59, Dip. di Informatica, Sistemi e Produzione, Università di Roma Tor Vergata, Italy, Feb, 2007.

[87] ARDAGNA D, PERNICI B. Adaptive Service Composition in Flexible Processes [J]. IEEE Transactions on Software Engineering, 2007, 33(6): 369–384.

[88] SIVASHANMUGAM K, MILLER J, SHET A H, et al. Framework for Semantic Web Process Composition [C]. International Journal of Electronic Commerce, 2004, 9(2): 71–106.

[89] BROGI A, POPESCU R. Towards semi–automated workflow–based aggregation of web services [C]. Proceedings of 3rd International al Conference on Service Oriented Computing (ICSOC), Amsterdam, The Netherlands, December 12–15, 2005: 214–217.

[90] SNOECK M, LEMAHIEU W, GOETHALS F, et al. Events as atomic contracts for component integration [J]. Data & Knowledge Engineering, 2004: 81–107.

[91] YANG L, DAI Y, ZHANG B, et al. Dynamic Selection of Composite Web Services Based on a New Structured TCNN [C]. The IEEE International Workshop on Service–Oriented System Engineering (SOSE'05), 2005: 141–148.

[92] SRINIVASAN N, PAOLUCCI M, SYCARA K. Semantic Web Service Discovery in the OWL–S IDE (HICSS'06) [C]. Proceedings of the 39th Annual Hawaii International Conference on System Sciences, 2006, 6: 1–10.

[93] NAMGOONG H, CHUNG M, KIN K, et al. Effective Semantic

Web Services Discovery usingUsability［C］. 2006 ICAOT, 2006：2199–2203.

［94］MANIKRAO U S, PRABHAKAR T V. Dynamic Selection of Web Services with Recommendation System［C］. Proceedings of the IEEE International Conference on Next Generation Web Services Practices（NWeSP'05）, 2005：22–26.

［95］LI L, HORROCKS I. A Software Framework for Matchmaking Based on Semantic Web Technology［J］. International Journal of Electronic Commerce, 2004, 8（4）：39–60.

［96］XU B, LI T, GU Z F, et al. SWSDS: Quick Web Service Discovery and Composition in SEWSIP［C］. Proceedings of the 8th IEEE International Conference on E–Commerce Technology and the 3rd IEEE International Conference on Enterprise Computing, E–Commerce, and E–Services（CEC/EEE'06）, 2006：71–73.

［97］AIELLO M, PLATZER C, ROSENBERG F, et al. Web Service Indexing for Efficient Retrieval and Composition［C］. Proceedings of the 8th IEEE International Conference on E–Commerce Technology and the 3rd IEEE International Conference on Enterprise Computing, E–Commerce, and E–Services（CEC/EEE'06）, 2006.

［98］张成文. 基于遗传算法的具有全局 QoS 限制的 Web 服务选择［D］. 北京:北京邮电大学, 2007.

［99］代钰, 杨雷, 张斌, 等. 支持组合服务选取的 QoS 模型及优化求解［J］. 计算机学报, 2006, 29（7）：1167–1178.

［100］陈彦萍, 李增智, 郭志胜, 等. Web 服务组合中基于服务质量的服务选择算法［J］. 西安交通大学学报, 2006, 40（8）：

897-900.

［101］ZHU J W, WANG J D, LI B. Web services selection based on semantic similarity［J］. Journal of Southeast University（English Edition）, 2006, 22（3）: 297-301.

［102］SERHANI M A, DSSOULI R, HAFID A, et al. A QoS broker based architecture for efficient web services selection［C］. Proceedings of the IEEE International Conference on Web Services（ICWS' 05）, 2005: 113-120.

［103］SEOG-CHAN OH, KIL H, LEE D, et al. Algorithms for Web Services Discovery and Composition Based on Syntactic and Semantic Service Descriptions［C］. Proceedings of the 8th IEEE International Conference on E-Commerce Technology（CEC/EEE' 06）, 2006: 66-69.

［104］GRØNMO R, JAEGER M C. Model-Driven Semantic Web Service Composition［C］. Proceedings of the 12th IEEE Asia-Pacific Software Engineering Conference（APSEC' 05）, 2005: 79-86.

［105］朱海平. 基于概念图的语义搜索［D］. 上海: 上海交通大学, 2006.

［106］孙惠泉. 图论及其应用［M］. 北京: 科学出版社, 2004.

［107］李曼, 王大治, 杜小勇, 等. 基于领域本体的 Web 服务动态组合［J］. 计算机学报, 2005, 28（4）: 644-650.

［108］张佩云, 黄波, 孙亚民. 一种基于语义匹配的 Web 服务混合选择机制［J］. 南京理工大学学报, 2007, 31（6）: 689-694.

［109］张佩云, 孙亚民. 基于 Petri 网的 Web 服务组合模型描述和验证［J］. 系统仿真学报, 2007, 19（12）: 2872-2876.

[110] ZENG L G, BENATALLAH B, NGU A H. QoS- Aware Middleware for Web Services Composition [J]. IEEE Transactions on Software Engineering, 2004, 30(5): 311-327.

[111] JANG J H, SHIN D H, LEE K H. Fast Quality Driven Selection of Composite Web Services [C]. Proceedings of the European Conference on Web Services, 2006: 87-98.

[112] ARDAGNA D, PERNICI B. Global and Local QoS Constraints Guarantee in Web Service Selection [C]. Proceedings of the IEEE International Conference on Web Services (ICWS' 05), 2005: 806-807.

[113] GOLDBERG D E. Genetic Algorithms in Search, Optimization and Machine Learning [M]. Addison-Wesley Publishing Company, 1989.

[114] CANFORA G, PENTA M D, ESPOSITO R, et al. An Approach for QoS- aware Service Composition based on Genetic Algorithms [C]. Genetic and Evolutionary Computation Conference (GECCO2005), Washington, 2005: 1069-1075.

[115] 刘书雷, 刘云翔, 张帆, 等. 一种服务聚合中 QoS 全局最优服务动态选择算法[J]. 软件学报, 2007, 18(3): 646-656.

[116] 张成文, 苏森, 陈俊亮. 基于遗传算法的 QoS 感知的 Web 服务选择[J]. 计算机学报, 2006, 29(7): 1029-1037.

[117] HENTENRYCK P VAN. Constraint Satisfaction in Logic Programming [M]. Cambridge: MIT Press, 1989.

[118] GAREY M, JOHNSON D. Computers and Intractability: A Guide to the Theory of NP- Completeness [M]. NEW YORK: W. H.

Freeman AND COMPANY, 1979.

［119］赵俊峰, 谢冰, 张路, 等. 一种支持领域特性的 Web 服务组装方法［J］. 计算机学报, 2005, 28(4):731-738.

［120］BERBNER R, SPAHN M, REPP N, et al. Heuristics for QoS-aware Web Service Composition［C］. The 4th IEEE International Conference on Web Services (ICWS 2006), 2006:72-82.

［121］YU T, KIN K J. Service Selection Algorithm for Composing Complex Services with Multiple QoS Constraints［C］. The 3rd IEEE International conference on service-oriented computing (ICSOC 2005), The Netherlands: Amsterdm, 2005.

［122］YANG L, DAI Y, ZHANG B, et al. Dynamic Selection of Composite Web Services Based on a Genetic Algorithm Optimized New Structured Neural Network［C］. CW 2005:515-522.

［123］YU T, LIN K J. A broker-based framework for QoS-aware web service composition［C］. The 2005 IEEE International Conference on e-Technology, e-Commerce and e-Service, 2005:1-8.

［124］刘必欣. 动态 Web 服务组合关键技术研究［D］. 长沙: 国防科技大学, 2005.

［125］CARDOSO J. Quality of Service and Semantic Composition of Workflows［D］. Athens:University of Georgia, 2002.

［126］YAN Y H, LIANG Y, LIANG H. Composing Business Processes with Partial Observable Problem Space in Web Services Environments［C］. IEEE International Conference on Web Services (ICWS´06), 2006.

［127］RUDOLPH G. Convergence analysis of canonical genetic al-

gorithms [J]. IEEE Transactions on Neural Networks, 1994, 5(1):
96-101.

[128]陈国良,王煦法,庄镇泉,等. 遗传算法及其应用[M].
北京:人民邮电出版社,1996.

[129]LECUE F, LEGER A. A formal model for semantic Web
service composition[C]. Proceedings of the 5th International Semantic
Web Conference, 2006:385-398.

[130]ISSA H, ASSI C, DEBBABI M. QoS-Aware Middleware for
Web Services Composition- A Qualitative Approach [C]. Proceedings
of the 11th IEEE Symposium on Computers and Communications,
2006:359-364.

[131]ZHAO H B, DOSHI P. Composing nested Web processes
using hierarchical semi- Markov decision processes [R]. AI- Driven
Technologies for Services-Oriented Computing-Papers from the AAAI
Workshop, Technical Report, 2006:75-83.

[132]KLUSCH M, GERBER A, SCHMIDT M. Semantic Web
service composition planning with OWLS-Xplan[R]. AAAI Fall Sym-
posium-Technical Report, 2005:55-62.

[133]ZHANG R, ARPINAR I B, ALEMAN-MEZA B. Automatic
composition of semantic Web services[C]. Proceedings of Internation-
al Conference on Web Services, Las Vegas, USA, 2003:38-41.

[134]LIU J M, GU N, SHI B L. Non-Backtrace backward chaining
dynamic composition of Web services based on mediator[J]. Journal of
Computer Research and Development, 2005, 42(7):1153-1158.

[135]MAO Z M, BREWER E R, KATZ R H. Fault-tolerant,

scalable, wide-area internet service composition: Berkeley U C Technical Report:UCB//CSD01-1129[R]. U. C. Berkeley, 2001.

[136] HAMADI R. Formal Composition and Recovery Policies in Service-based Business Processes[D]. New South Wales: The University of New South Wales, 2005.

[137] JAEGER, ROJEC-GOLDMANN M C, MUHL G. QoS aggregation for Web service composition using workflow patterns [C]. Proceedings of Eighth IEEE International on Enterprise Distributed Object Computing Conference, 2004: 149-159.

[138] 唐飞龙, 李明禄, 黄哲学, 等. 服务网格中的事务服务及基于 Petri 网的正确性分析[J]. 计算机学报, 2005, 28(4): 667-676.

附录 组合流程的树型结构

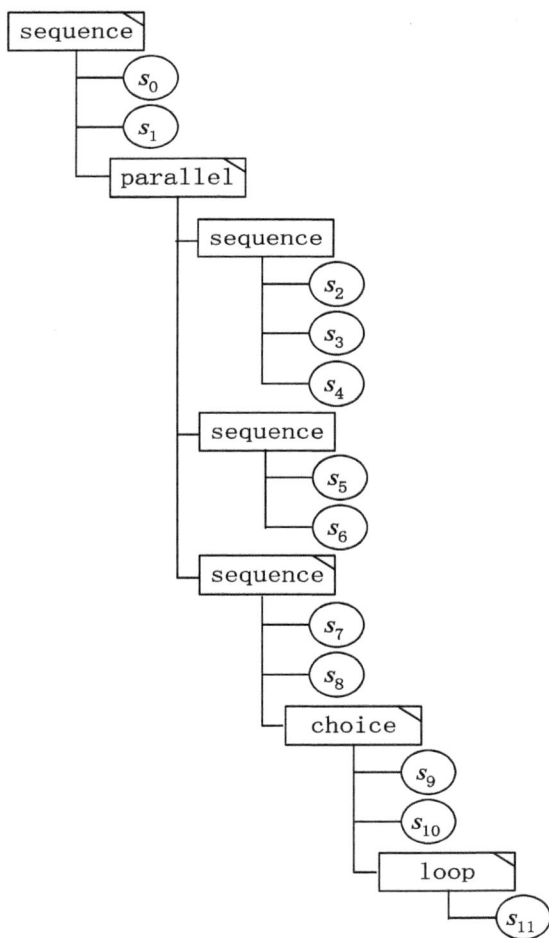